蟲蟲的迫降！

無農藥栽培家庭菜園

小川幸夫 著
腰本文子 取材・文

瑞昇文化

前言

將葉片捲成長筒狀隱藏起來的捲葉蛾，以及能巧妙將其從中驅除的蜾蠃蜂。只喜歡特定蚜蟲，而且能精準將其捕食的瓢蟲。隨機抓住飛在空中的昆蟲，並且將其捕食的食蟲虻……。在忙於農活時若將目光望向昆蟲，總是會不禁放下手上的工作仔細觀察著昆蟲們的一舉一動。

對於農家或是經營家庭菜園的人而言，說到蟲總是會先聯想到「害蟲」，「可以的話盡量不要出現」想必是許多人的想法。不過我的理論是「昆蟲種類豐富的田間，更容易栽培蔬菜」。的確，用農藥將所有害蟲撲滅，也許能栽培出美味又漂亮的蔬菜，但是昆蟲們卻會逐漸產生抗藥性，必須再用新的農藥來對抗，進而造成惡行循環。比起這樣，打造出為了各式各樣的害蟲而紛紛前來的各種益蟲、鳥類或是青蛙這種《好的環境》，才更具有永續性，而且能省下更多作業和花費。

這次是將我過去所學到如何和昆蟲一起栽培出活力新鮮蔬菜的方法匯集成書。雖然人類無法控制昆蟲，但是卻能了解每種昆蟲的習性和作用，並打造出能發揮出昆蟲最大潛力的環境。這本書集結了許多創意想法，繼續閱讀下去，想必能逐漸理解我所主張的「田間要愈多蟲愈好」這種逆向理論，以及蟲蟲們的可愛之處和有趣的生態。

我的個性很執著，一旦發現田間昆蟲們不可思議的地方，便會一頭栽下去。因此會立刻閱讀能信賴的書籍、論文，或是詢問專家的意見。不過，關於昆蟲的習性和行為的意義，在科學方面仍有許多未知的部分，在本書所寫的內容，是以我在自己的田間所獲得的經驗為基礎。田間的環境經年變動，而且每天都會有新的發現，也許再過半年，本書所談到的內容又會有所不同。不過，只要是重視大自然的家庭菜園愛好者，想必也能理解栽培蔬菜的探索之路是沒有終點的。

「蟲子很恐怖、很噁心」如果有人這樣想，一定是因為不了解所以才覺得害怕。只要進一步理解就不再害怕，而且一定會愛上牠。希望閱讀本書的人，都能找到自己和昆蟲相處的一套方式，成為追求「和昆蟲一起栽培蔬菜」的夥伴。

２０１８年５月
於千葉縣柏市

小川農場地圖

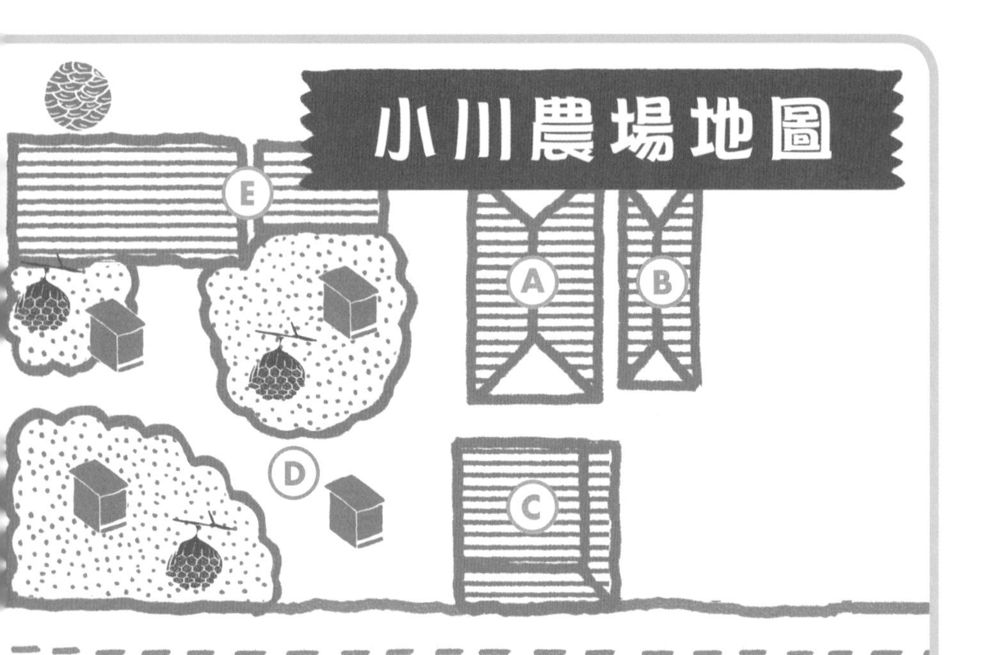

Ⓐ**自家**

Ⓑ**蔬菜販賣區**

Ⓒ**自家兼出貨作業區**

Ⓓ**庭園**：各處放置蜜蜂的巢箱和長腳蜂的蜂巢

Ⓔ**倉庫**：屋頂下方有雀峰的巢

①**露地**
（蔬菜、遼東楤木田）

②**溫室**
（約有70個長腳蜂的蜂巢）

③**露地**（野菜、竹林）

④**藍莓園**
（約有70個長腳蜂的蜂巢）

⑤**果樹園**
（柿子、栗子、石榴、梅子）

山野菜園
（峰斗菜、荚果蕨、茗荷）

⑥**苗床溫室**
（柿子、栗子、石榴、梅子）

⑦**溫室**
（蔬菜、香菇、無花果）

⑧**露地**

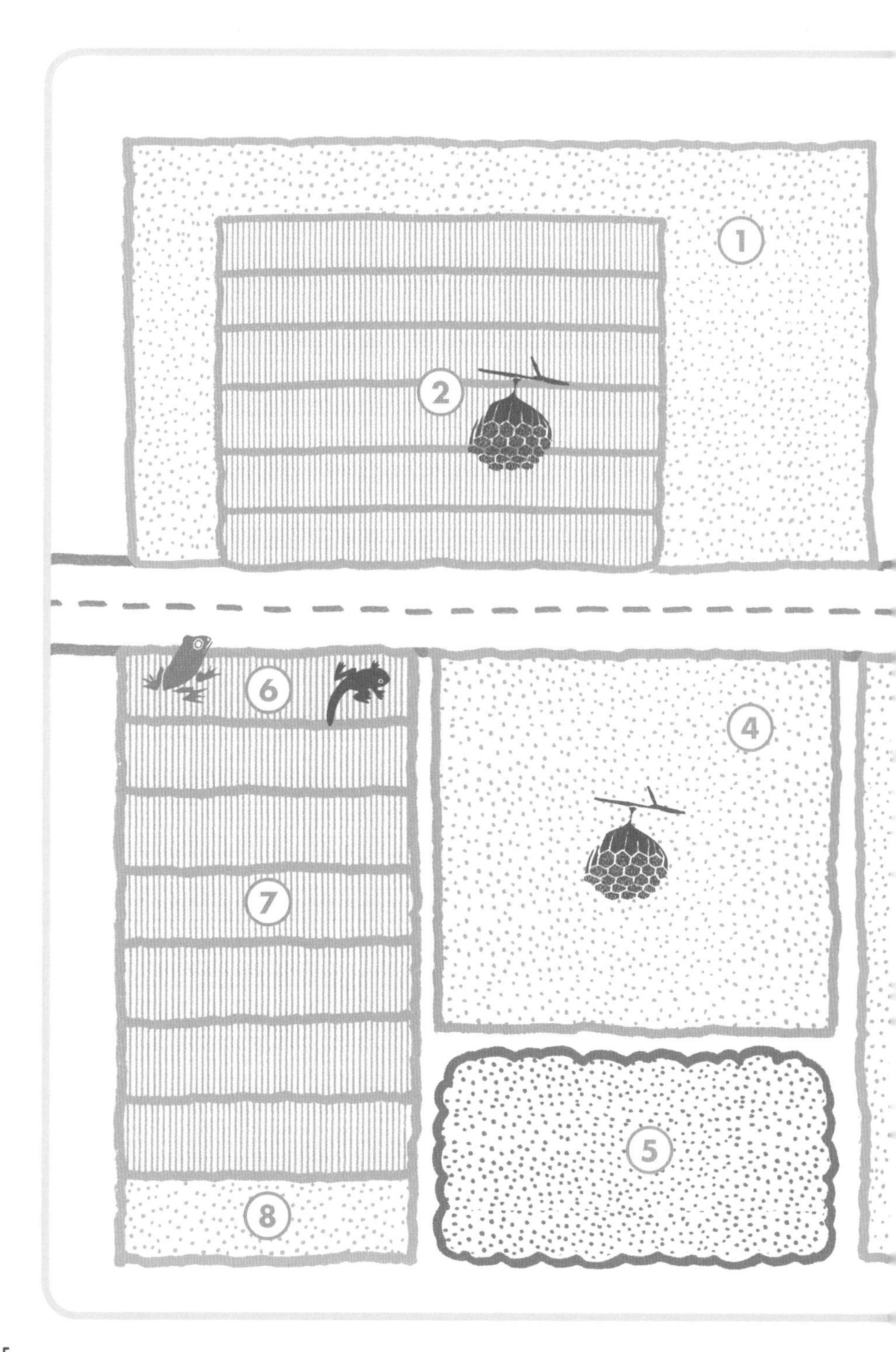
1
2
4
5
6
7
8

目次

第3章 田間的昆蟲圖鑑閱讀方式

花虻類

草蛉類

蛾類

蝶類

蜂類

蠅類

金花蟲類

蟜象類

其他類昆蟲

昆蟲以外的生物

第1章
重視昆蟲
的農園

思考天敵活用術

昆蟲是栽種蔬菜的大敵！你也是這樣想的嗎？

如果是這樣的話，希望從今天開始能試著重新觀察田間。田間雖然有許多啃食蔬菜的敵人（害蟲），但是同時也存在著許多能驅除害蟲的同盟夥伴（天敵昆蟲、益蟲）。

不過，「敵人的敵人就是夥伴」並非絕對。田間的昆蟲大多難以單純區分成「害蟲」和「益蟲」，有像是螳螂這種捕食其他昆蟲時不分害蟲或益蟲，也有像是螞蟻這種看似無關緊要的昆蟲，卻會在不知不覺間產生不良影響，有時候反而會有所幫助。

充分理解這些昆蟲們複雜的食物鏈相互關係，並且有效運用天敵昆蟲，也許就能實現不依賴農藥的蔬菜栽培……。這就是我和昆蟲在田間相處的出發點。

在擁有這種想法之前也有經歷許多階段。甚至在過去也有一段時間試著使用一般的農藥。當時會如此煩惱於害蟲，我想是因為那時候在田

一知道新品種便會試著栽種。產地直送或是出貨到餐廳時，必須要針對稀有蔬菜加以說明，所以我對於蔬菜的了解不輸給博士。在栽培新品種的蔬菜時，很期待會吸引哪些新的昆蟲前來。

間的蟲類中，眼中只看到蚜蟲或是夜盜蟲等害蟲類。這樣的我是如何注意到天敵昆蟲的，首先可以從我的工作場所「小川農場」開始說起。

栽培少量多種類的蔬菜，並且自行販售

小川農場位於千葉縣柏市的住宅區。農地大小為1町5反（1．5公頃），其中4反（約為991.736m²）建造15棟溫室，年間約生產100種、500個品種的無農藥蔬菜和果樹。雖然是典型少量多種類的農業經營方式，不過種類的豐富量可謂數一數二。

我在大學畢業後就職於農業機械公司，接著於2001年辭掉工作繼承老家的農業。在大學時代農業經濟學的研討會上，了解到許多農家因為擴大規模而陷入困境的現實，所以決定以能夠隨心所欲經營規模的小型農業為目標。

當時是以個選（個別選果※）的方式，將蕪菁或是白蘿蔔出貨到縣內的果菜市場，不過因為白蘿蔔的市場價格低迷，不得已之下在自家後院設置了直販區。栽培各式各樣的蔬菜，直接販售給當地的消費者。

除了自家後院的直接販售區之外，也會前往柏站前等各種地方販售蔬菜。經常購買的熟客，也能理解我的農業栽培方式。

購買蔬菜的人能夠看到生產者，而生展者也能直接聽到消費者的聲音。這種販售形式為小川農場的基本，現在除了在當地百貨公司或是高級超市設置的「生產農家小川幸夫所栽培的蔬菜販售區」販售之外，也會將蔬菜出貨至地區的大型直販所、提供當地蔬菜的車站前蔬果店，以及每年200次以上，於市內各地舉辦的早晨市場或市集。另外，還會提供蔬菜給柏市內的義大利或法式餐廳、居酒屋等大約50間左右的餐飲店。

回到昆蟲的話題吧。

我從小時候就非常喜歡昆蟲，也曾是會在附近的林間捕捉獨角仙或是鍬形蟲的孩子。對於老家田間的昆蟲固然有興趣，卻完全不會區分何謂「好的蟲」和「壞的蟲」，只把昆蟲當作會動的玩具罷了。當父親使用農藥時，喜愛的昆蟲便會陸陸續續死去。所以我從以前就很討厭農藥。

然而，開始試著從事農業後，果然是會將破壞田間的害蟲當作是「敵人」。尤其在投資了立畦機或暖氣設備的溫室內，用心栽培的草莓出現大量蟲子時，是打從心底覺得牠們「真是可恨」。草莓是會吸引蚜

不論是否有將蔬菜出貨至店家，都會親自前往各個店家和店內的人們交流。在柏市有愈來愈多美味的餐廳，這些老闆都分別以各自的理念經營，所以能學到很多。我認為農家應該要經常到當地的餐飲店用餐。

蟲、葉蟎、薊馬、夜盜蟲等主要害蟲前來的作物。在從事農業第4年，對於逐漸加重的害蟲危害感到危機意識的我，也開始使用了農藥。

再見了，農藥！

試著使用化學農藥就知道，真的很有效。接著感受到效果後，便會想試著使用更多。

也是因為我個性執著的關係，便開始學習了農藥相關知識，購買各種農藥嘗試效果。結果令人頭痛不已的夜盜蟲，也出現了效果。在持續使用的過程中感覺會逐漸麻痺，注意到的時候農藥的使用次數和使用量已逐漸增加。

這樣下去不行！

討厭模稜兩可的我，在思考要「100%充分使用，或是要完全不用農藥」的結果下，決定完全放棄使用化學農藥。害蟲會逐漸產生抗藥性，如此一來就必須開發新的農藥。這樣便會永遠陷入沒完沒了的《無限循環》。

七星瓢蟲（右）會捕食害蟲……蚜蟲，而大花食蚜蠅（左）可作為花粉的媒介。由於各種昆蟲發揮機能，所以田間的作物不會遭到全面性的破壞。

從隔年開始，我替換成將外國產的天敵昆蟲散播於田間的「生物農藥」栽培。所謂生物農藥，是將主要捕食害蟲的肉食昆蟲或肉食葉蟎類商品化，將溫室栽培用的數十種昆蟲於市面上販售。雖然在當中試著使用了蚜蟲的天敵瓢蟲、薊馬的天敵南方小黑花蝽象等常見的生物農藥，但是市售的天敵昆蟲不但價格不菲，而且難在要於必要的時期看準時機使用。雖然也可以放任天敵昆蟲不管，不過由於溫室內的溫度不適合天敵昆蟲生存等原因而造成死滅，所以也只是陷入使用並且讓昆蟲死亡的循環。這樣只會不斷增加成本。另外，對於不得不按照廠商的說明書使用這點也抱持著疑問。

經過這些錯誤嘗試，終於找到了屬於我自己的答案，那就是「有效運用每個田間不同時期的本土性天敵昆蟲，運用起來反而更方便，而且不會浪費多餘的金錢」。而我在從事農活時，也變得會偶爾停下手邊工作，仔細觀察田間昆蟲們彼此捕食獵殺的關係。

不解的謎樣行為也有意義所在

過去總是視為麻煩的長腳蜂，在知道牠其實是個捕食蝶蛾幼蟲等害蟲的優秀狩獵者後，便開始加以重視。如今田間各處都有長腳蜂的蜂巢。

關於農業的病蟲害防治有以下4種方法。

①耕作性防治（適地適作、適當施肥、輪作、砧木、品種改良等）

②生物性防治（天敵昆蟲、費洛蒙劑、共生栽培植物等）

③物理性防治（防蟲網、銀色遮蓋布、藉由光線誘殺等）

④化學性防治（化學農藥等）

我在這四種方式中決定不使用④化學性防治，目前是將①～③的方法組合使用，減少害蟲造成的危害。天敵昆蟲的運用屬於②生物性防治的一部分，只不過是無數種方法的其中一種，這就是天敵昆蟲的定位。除此之外，充分了解敵人（害蟲），並且有效運用我方夥伴（天敵），使用其他方法……像是覆蓋防蟲網或是鋪上銀色覆蓋布，避開害蟲發生的高峰期儘早定植等……將各種方法組合運用以防治害蟲。

最初必須從學習哪些蟲類是哪種害蟲的天敵開始著手。不可思議的是，一旦將注意力放在本土的天敵昆蟲後，過去在進行農活時偶爾看到昆蟲們不解的謎樣行為，「啊啊，原來是這樣啊」也變得能夠瞬間理解了。彷彿就像一片片拼圖找到正確的位置，逐漸呈現出一幅畫般。

在我的數個經驗談之中，為各位介紹其中一例。

只要能確實維持田間的生態系，不只是昆蟲，連爬蟲類、鳥類等各種生物都會紛紛前來。因此不應該完全將蚜蟲從田間滅絕。

目前由父母、太太、兼職員工和實習生一起幫忙，以我為主導經營農業。現為國中生的兒子們正熱衷著排球。在室外養著兩隻貓，家中也有養一隻。

容易附著在高麗菜等十字花科蔬菜的菜青蟲（紋白蝶的幼蟲），其天敵是一種叫做菜蝶絨繭蜂的昆蟲。這種寄生蜂會在菜青蟲的體內產下大量的卵，孵化後的幼蟲吸收菜青蟲體內的養分生長，最後這些幼蟲會將菜青蟲的皮啃破，在體外化蛹。我看過好幾次這種寄生蜂的蛹，但是長年以來都以為是哪種蛾類的蛹。由於這些蛹經常出現在菜青蟲不吃的蔬菜殘渣上，所以沒有聯想到和菜青蟲有關。然而在某一天，我在那些蛹群中發現了菜青蟲的死骸。查了資料才知道原來那是菜蝶絨繭蜂，也就是菜青蟲的天敵所造成的，在這之後一旦發現蜂蛹就會小心保護。菜蝶絨繭蜂對我而言也瞬間變成「夥伴」了。

本書是以收集拼圖碎片，完成拼圖的經驗為基礎，並且將該如何與田間的昆蟲相處，如何利用天敵昆蟲的觀察結果及實踐方法，以自己的方式整理成冊。

「雖然因為害蟲而煩惱，但是不想使用農藥」

「想進一步了解田間的昆蟲」

如果擁有這些想法的農家或是家庭菜園愛好家，在栽培蔬菜的同時也能和昆蟲充滿樂趣地相處，將會是我的榮幸。

從倉庫上方拍攝的小川農場。道路的這側中間為溫室，溫室兩側分別是露天的農地。道路的另一側前方為藍莓及柿子等果樹苗圃及周圍的露天農地，最後方則是育苗專用的溫室。

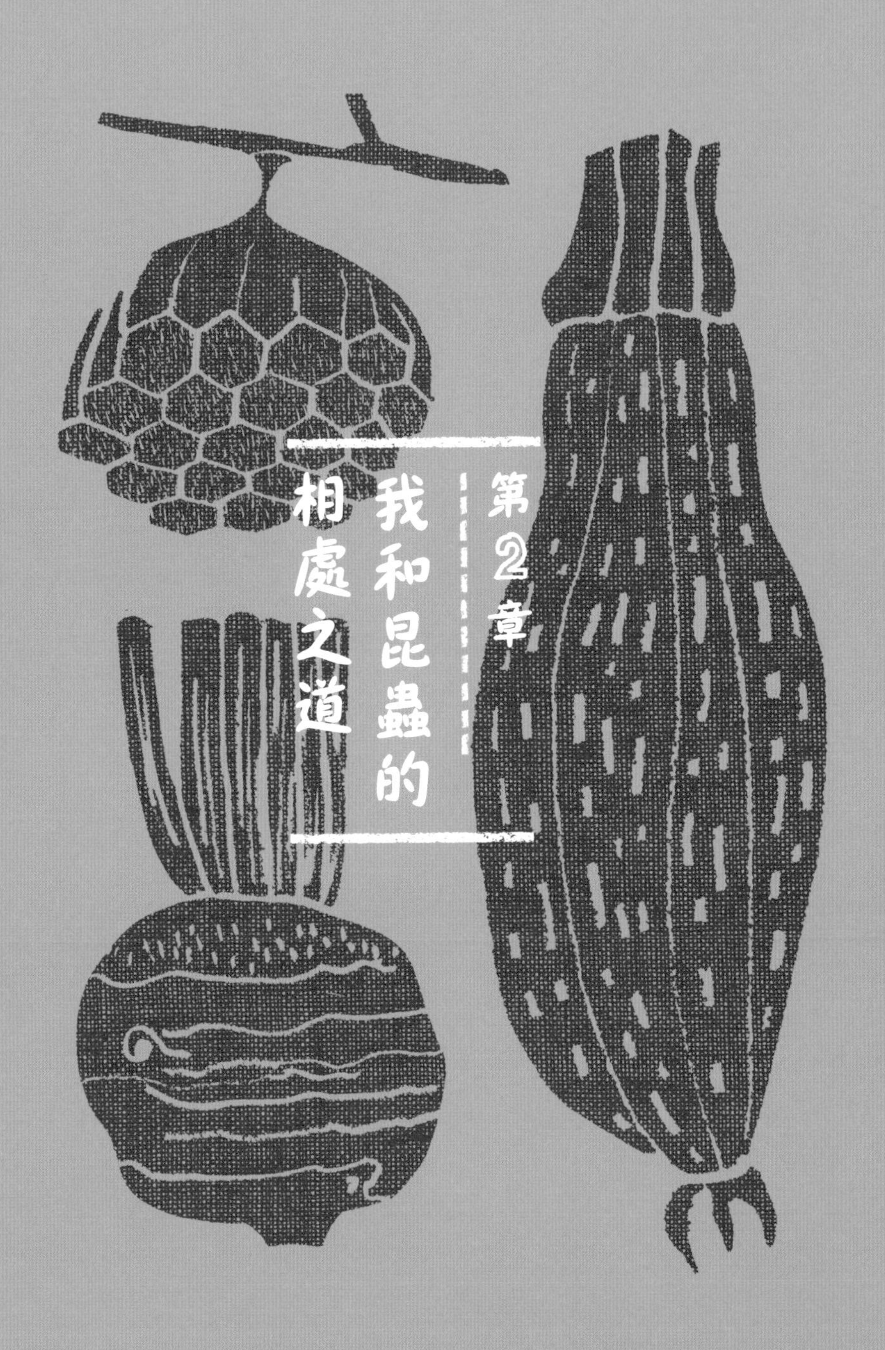

第2章 我和昆蟲的相處之道

瓢蟲所教導我的事

瓢蟲會捕食屬於害蟲的蚜蟲，是廣為人知的「好的蟲」代表之一。然而，就算在農業的世界中是最有名的益蟲，關於存在於田間各個種類的瓢蟲特徵以及生態，寥若指掌的人想必是偏少數。因為說到瓢蟲，絕大多數的人可能只想到「成蟲」，除了七星瓢蟲或是異色瓢蟲的成蟲以外一概不知。

話雖如此，我的家人當初在從事農業時，就算能分辨七星瓢蟲和異色瓢蟲的成蟲，在看到這些瓢蟲的幼蟲時，卻因為奇異的外表而誤認為「這些是害蟲」。在我注意到並且提醒之前，他們都會把從蔬菜包裝袋中爬出的瓢蟲幼蟲用手捏死，得知這個事實之後卻驚訝不已。

我沒有資格說別人。關於瓢蟲，過去也有很多苦澀的回憶。那是在剛開始從事農業不久發生的事。當我得知在附近經營番茄農家的叔叔，因為溫室出現大量蚜蟲而煩惱不已時，便從自家的田間收集了100隻左右的瓢蟲幼蟲，得意洋洋地帶去他家。從孩提時代就開始

七星瓢蟲的幼蟲。在屬於益蟲的肉食性瓢蟲中可謂大食客。在無農藥栽培中非常重要。雖然沒辦法像成蟲一樣，能在植株之間飛翔移動，不過只要將幼蟲移動至附著蚜蟲的植株，就能確實將蚜蟲捕食殆盡。

在父親的農地幫忙，而且看過許多蟲類的我，當時就知道瓢蟲的幼蟲會捕食蚜蟲。數天後，心想著「叔叔溫室內番茄上附著的蚜蟲一定都被吃光了」，信心滿滿地前往確認，沒想到雖然溫室內的蚜蟲還是一樣多，瓢蟲的幼蟲不但沒有捕食蚜蟲，甚至在互相啃食彼此。

瓢蟲不是蚜蟲的天敵嗎？為什麼會這樣？到底怎麼了？查過資料後，才知道不論是蚜蟲或是瓢蟲，在日本就分別存在著一百種類以上。這時候才發覺到一件事。

那就是「瓢蟲並非只要是蚜蟲就會將其捕食。某些種類的瓢蟲只偏好吃某些種類的蚜蟲，自然界存在著這樣的組合」。同樣地我也注意到，蚜蟲也並不是只要蔬菜都會啃食，每種蚜蟲都有所喜好的蔬菜。我在叔叔的溫室放入的瓢蟲幼蟲們，因為眼前的蚜蟲並不是自己所喜好的種類，在不得已的選擇下只好互相殘殺捕食。

昆蟲們其實都很偏食。就連蚜蟲也是一樣，喜歡的植物會根據種類而異，而捕食蚜蟲的瓢蟲所偏好的蚜蟲，同樣也會根據種類而有所

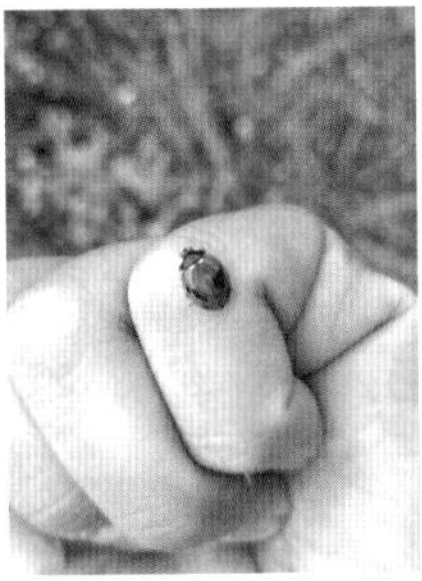

花紋異常的七星瓢蟲。其他的瓢蟲會有各種顏色或花紋的變化，但是對於七星瓢蟲而言卻非常稀奇。

不同。昆蟲們就是這樣彼此區分棲息，使每個物種都能延續下去。知道這個事實後，我感到非常驚訝而且感動。

瓢蟲教會了我「害蟲和天敵」的關係並不是一直線。而我對於昆蟲們複雜的食物鏈關係也開始抱持興趣，因為這樣而開始思考也許能將牠們的特性運用於自己的農業。

不同的食性喜好

在小川農場捕食蚜蟲的瓢蟲有七星瓢蟲、異色瓢蟲、六條瓢蟲和龜紋瓢蟲這四種常見的種類。這四種瓢蟲所偏好捕食的蚜蟲種類，想必在我的農場是佔多數吧。這些瓢蟲尤其愛吃總是會把十字花科、豆科、菊科等蔬菜啃蝕殆盡的蚜蟲。

異色瓢蟲的成蟲個體變異較大，翅膀的花紋及顏色可多達數十種，因此在一開始「這隻和那隻都是同種的異色瓢蟲」還無法像這樣立刻分辨。不過，和其他瓢蟲相較之下還算是容易辨別，所以只要習慣後就能馬上區分出來。不論是哪個種類，從幼蟲到成蟲階段，整個生長階段都是以各種蚜蟲為主食，可以說是有如「益蟲的好榜樣」般的存在。

瓢蟲不是只有捕食蚜蟲的種類而已。除了蚜蟲之外，也有會捕食介殼蟲的瓢蟲。我在最初是從七星瓢蟲、異色瓢蟲、六條瓢蟲和龜紋瓢蟲開始觀察，之後一旦發現常見的瓢蟲，便會仔細觀察「這傢伙正在吃什麼呢？」。

在這過程之中，「原來還有這種瓢蟲啊！」發現了令人如此驚嘆的瓢蟲……黃瓢蟲。外觀如其名，鮮黃色引人注目的黃瓢蟲竟然會捕食蔬菜的代表性病害之一「白粉病」的病菌，是非常有益處的瓢蟲。

其實在一開始我發現這個黃瓢蟲時，完全不知道這種蟲在小黃瓜的葉片上做些什麼。因為葉片上以及附近完全沒有看到蚜蟲。不過在某一年，感染白粉病的小黃瓜葉片上出現了大量黃瓢蟲的幼蟲，而且不斷張嘴咀嚼像是在啃食什麼。

這時候我才注意到，原來黃瓢蟲會吃白粉病的病菌。

「原來是這麼厲害的瓢蟲」雖然得知事實後令人開心，不過很可

黃瓢蟲的幼蟲（右）和成蟲（左）。大多數種類的瓢蟲在進入繭的階段前，都會像這樣聚集於一處。黃瓢蟲是捕食白粉病菌的食菌性瓢蟲。雖然捕食的量並沒有達到能用來防治病害的程度，但是拼命啃食病菌的樣子非常可愛。

惜的是，黃瓢蟲沒有辦法完全殲滅白粉病。因為黃瓢蟲就算能捕食病原菌的表面，卻無法啃食到已經入侵葉片表皮細胞的菌絲根源。由於沒辦法將白粉病菌完全捕食殆盡，所以頂多只能帶來抑制危害擴大的效果，但是站在黃瓢蟲的立場來看，比起完全捕食殆盡，使殘留在葉片組織內菌絲根源繼續長出新的病菌，才能確保源源不絕的食物來源。

除了黃瓢蟲以外，也有其他會捕食白粉病菌的瓢蟲。某次在玉米的葉片上，發現了過去沒有看過的美麗瓢蟲。查資料後才知道，原來出現在我農園的是非常少見的四斑裸瓢蟲。

這種瓢蟲雖然也是以白粉病菌維生，但是卻不會捕食田間的白粉病菌。也就是說，雖然看似相同，不過白粉病也有許多種類，每種瓢蟲所喜好的白粉病菌都有所不同。而捕食病原菌的瓢蟲食性，仍然有待進一步研究。

會捕食發生於田間果樹上介殼蟲的黑緣紅瓢蟲，對於農家而言就像是個救世主般的存在。有如寶石般美麗，擁有兩個紅色斑紋，在我的農園中會努力啃食附著於梅樹上的介殼蟲。

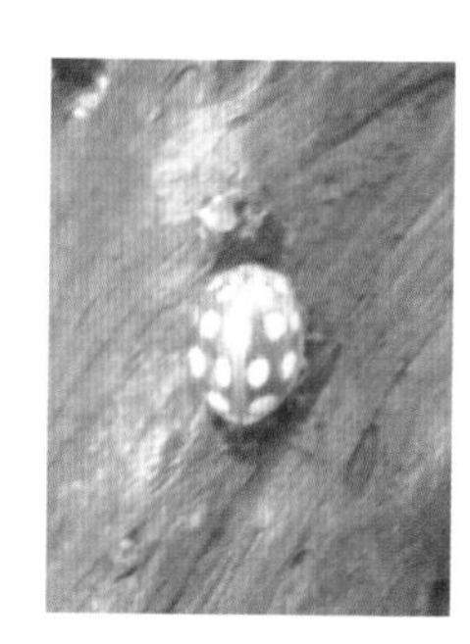
四斑裸瓢蟲。

正在羽化的黑緣紅瓢蟲。剛羽化後為黃色，不過會逐漸轉變為帶有光澤，黑底且擁有兩個紅色斑點的外觀。

分辨益蟲和壞蟲的訣竅

並不是所有瓢蟲都是農作物的好夥伴。有肉食性益蟲的瓢蟲，當然也有將蔬菜啃食殆盡的「素食主義者」。代表性的瓢蟲有茄二十八星瓢蟲及馬鈴薯瓢蟲（二十八星瓢蟲）。這些瓢蟲在越冬後的成蟲會產卵於馬鈴薯等作物的新芽，孵化後的幼蟲會不斷啃食茄科蔬菜。

若發現危害田間的瓢蟲應努力將其驅除，為此必須學習如何分辨「好的瓢蟲」和「壞的瓢蟲」。在這之前先來整理一下瓢蟲的食性吧。如同前面所述，來訪田間的瓢蟲可大致分成以下三種類型。

①肉食性類型（七星瓢蟲、異色瓢蟲、六條瓢蟲、龜紋瓢蟲、黑緣紅瓢蟲）**↓益蟲**

②草食性類型（茄二十八星瓢蟲、馬鈴薯瓢蟲、瓜黑斑瓢蟲）**↓害蟲**

③菌食性類型（黃瓢蟲）**↓益蟲**

長滿刺的茄二十八星瓢蟲的幼蟲以及啃食痕跡（右）。若蔬菜出現鋸齒狀傷痕，很有可能就是這種瓢蟲所造成。翅膀不帶光澤是成蟲的特徵，成蟲也和幼蟲一樣會食害蔬菜（中）。如果蛹變成茶褐色時，代表屬於益蟲的寄生蜂（P67～）寄生在蛹中，所以不需要驅除（左）。

分辨的方法首先是注意移動的速度是快或慢。除了捕食移動緩慢介殼蟲的黑緣紅瓢蟲之外，捕食不斷移動的蚜蟲或薊馬等昆蟲的肉食性瓢蟲，從幼蟲到成蟲整個階段的活動都非常活躍，移動速度也很快。相較之下，以不會移動的植物葉片維生的素食主義者……茄二十八星瓢蟲等，由於沒有追捕獵物的必要，所以動作也比較緩慢。

另外，型態上的特徵也有明顯的區別。肉食性瓢蟲的成蟲擁有光亮的翅膀，相較之下大部分的草食性瓢蟲的成蟲缺少光澤，外觀比較暗沈。幼蟲的差異更是顯著，茄二十八星瓢蟲的幼蟲身體覆蓋著密密麻麻的棘狀突起，所以出現在田間時一眼就能辨別。若進一步仔細觀察，還能區別出此卵塊是「好瓢蟲」的卵還是「壞瓢蟲」的卵。

舉例來說，七星瓢蟲和茄二十八星瓢蟲的蟲卵型態都是非常相似的圓錐形，不過七星瓢蟲的卵為橘色，而馬鈴薯瓢蟲的卵則是呈現乳白色。也許這是我自己的區分方法，草食性有害瓢蟲的卵、幼蟲和成蟲的「顏色都比較不鮮豔」。所以如果發現顏色不鮮豔的卵塊時，應儘早連同葉片一起摘下將其驅除。

在種類繁多的瓢蟲當中，也有幼蟲型態極為特異，乍看之下甚至

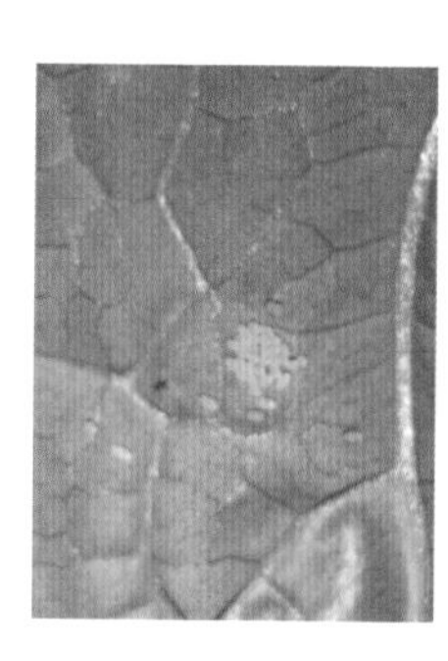
七星瓢蟲的蟲卵為鮮豔的橘色。

茄二十八星瓢蟲的卵。和其他瓢蟲相較之下顏色比較淡。

不會聯想到是瓢蟲幼蟲的種類。主要捕食附著在果樹及茄科蔬菜上蚜蟲的後斑小瓢蟲，其幼蟲的整個身體覆蓋著一層白色的蠟質，乍看和粉介殼蟲非常相似。

我第一次看到這個幼蟲時，還想說怎麼會有如此活潑好動的介殼蟲而覺得奇怪。因此想送去農業試驗所調查這種幼蟲的真面目，當我將幼蟲裝入放有酒精的小瓶子內時，覆蓋於身體的蠟質全都溶解至液體，接著出現的竟然是瓢蟲的幼蟲，真是太訝異了。

就算事實是如此，為什麼要假扮成介殼蟲的樣子呢？

雖然螞蟻和蚜蟲的共生關係廣為人知，其實螞蟻也會和介殼蟲共生，以吸取介殼蟲分泌的甘露（甘甜的汁液）作為代償，並擔任守護介殼蟲的保鑣，避免受到天敵侵害。而後斑小瓢蟲的幼蟲有可能是藉由擬態成介殼蟲，欺騙螞蟻以避免受到攻擊。

如果在蚜蟲當中發現很像介殼蟲的蟲，而且活潑好動的話，極有可能就是後斑小瓢蟲的幼蟲。注意別誤認為介殼蟲而不小心捕殺。

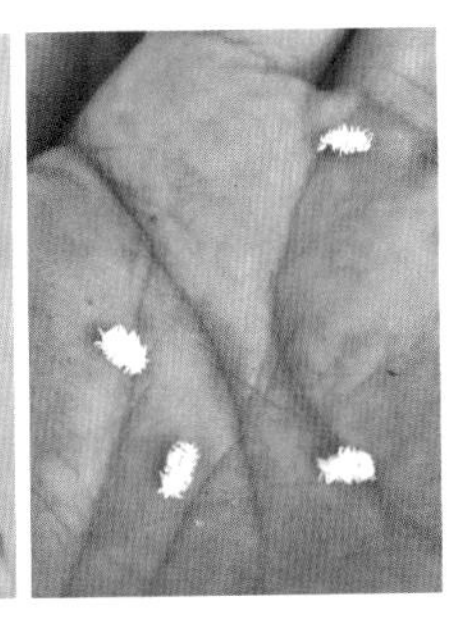

後斑小瓢蟲的幼蟲擁有獨特的外觀（右）。有可能是刻意擬態成粉介殼蟲（P78下段）。成蟲非常小，而且和葉蚤非常相似，注意別誤殺（左）。

無法飛行的瓢蟲的悲劇

根據研究結果，瓢蟲的幼蟲每一天可捕食20隻左右的蚜蟲，而成蟲每天則是捕食100～200隻左右的瓢蟲。孵化後的幼蟲大約20天後成長為成蟲，之後可存活2個月左右，所以每一隻瓢蟲在一生中所捕食的蚜蟲數量非常可觀。

這也難怪農家會想以人為方式導入大量的瓢蟲。為因應此需求而開發出來的就是作為「生物農藥」的瓢蟲。目前市面上以生物農藥形式販售的瓢蟲，主要是能捕食較多種蚜蟲的異色瓢蟲。和自然界中異色瓢蟲的差異，在於「這種瓢蟲不會飛」。

由於瓢蟲的成蟲通常會展翅飛走，所以開發出在基因上「不飛的瓢蟲」，不對，我認為應該要說成「無法飛的瓢蟲」，當作生物農藥販售。我只有買過一次這種無法飛的瓢蟲。當時是務農經過4～5年，正要進入完全不使用農藥的轉型時期。使用的場所是在出現大量蚜蟲的草莓溫室。我買的是一組100隻入的瓢蟲。那時候將瓢蟲同時放入溫室，大部分卻在捕食蚜蟲之前死光。

生物農藥
將害蟲的天敵以農藥登記販售的生物。使用生物農藥的農法稱為「天敵農法」，通常是在設施栽培中和化學農法並用。不過，我個人認為和化學農法併用幾乎是不可能。就如同P15提到，大多的生物農藥都是外來種。瓢蟲的國內種一隻約100日圓，非常昂貴。雖然之前也有用過，但是蟲類畢竟無法照著人類的想法行動，現在已經完全沒有使用。花上數年打造出讓天敵前來棲息的環境才是需要思考的課題。

無法飛的瓢蟲
市面上甚至有開發出用黏著劑將翅膀黏起，而無法飛翔的瓢蟲。這種我也同樣反對。如果對動物做出同樣的事，一定會遭到批判，為什麼昆蟲就無所謂呢。雖然經過一段時間黏著劑脫落，瓢蟲就能再次飛翔，但是掉落地面而且翻面的瓢蟲無法使用翅膀，會因此沒辦法爬起而死亡。只要稍微了解現場就能想像如此情況。

原因很簡單。草莓的栽培通常是使用架高的畦，以減輕採收時對於腰部的負擔，而我的溫室畦田高度採用了高60公分左右的超高畦。無法飛翔的瓢蟲們，在葉片上爬行時若不小心掉到地面，就會因為沒辦法翻身（參閱28頁下段）而無法爬上有蚜蟲的葉片，逐漸用盡力氣而死亡。自然界中擁有翅膀的瓢蟲絕對不會發生這樣的事……。

不過，在後悔這些浪費的投資之前，會先為這些死掉的瓢蟲感到悲哀，「竟然對牠們做出如此可憐的事」而覺得痛苦難受。也許使用方法仍有改善的餘地，但是經過這件事之後，我再也沒有使用過市售的瓢蟲。

千方百計利用在來種

接著我嘗試的是大量收集已經適應田間環境的在來種（地方種）瓢蟲，接著再放入溫室的「大量移動瓢蟲」作戰。

捕捉瓢蟲的成蟲非常簡單，只要將空的保特瓶瓶口朝向瓢蟲，就能輕鬆讓瓢蟲滾落至瓶中。

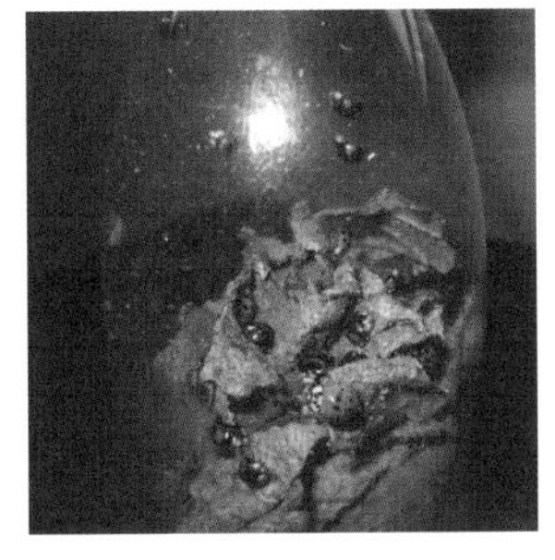

收集田間瓢蟲的保特瓶。就算不購買生物農藥，也能捕捉到許多健康的瓢蟲。只要將瓢蟲放在大量出現蚜蟲的田間，這些瓢蟲就能將蚜蟲捕食殆盡。若蚜蟲被吃光後，瓢蟲的幼蟲們會開始互相啃食，所以可再次將成蟲及每天孵化的幼蟲收集起來，接著放入其他田間。這是一場蚜蟲和瓢蟲繁殖力的競爭！

若於早春捕捉在庭園的梅樹等集體越冬的瓢蟲成蟲，只要僅僅10分鐘就能收集到上百隻。雖然這個方法能在短時間內，將大量瓢蟲移動至溫室，但很可惜的是缺乏持續性。放出的瓢蟲有一大半會飛出溫室，而不會一直待在溫室的田間。

那麼，利用尚未長出翅膀、還不會飛行的幼蟲，效果又是如何呢？我試著許多捕捉在其他溫室大量出現的異色瓢蟲幼蟲，接著分別放在蚜蟲密集出現的場所。在這個實驗中，瓢蟲幼蟲不斷捕食蚜蟲，因此看到了效果。如果是這樣的話，如果是20～30個瓢蟲的卵塊，因為很快就會孵化成幼蟲，所以也許同樣能《使用》吧。心想著將這些卵塊移動到蚜蟲大量出現的場所，也應該會有效果。

就這樣用盡各種手段持續「大量移動瓢蟲」作戰。在移動卵或是蛹的時候，重點在於要擺放成卵容易孵化，或是蛹容易羽化的方向。在自然狀態下的蟲卵或是蟲蛹都是朝向固定的方向，因此在捕捉利用時，也應盡量維持在接近自然狀態的條件下。

個性執著的我，每年都會嘗試不同的方法。有一段時期放入溫室內的瓢蟲互相繁殖世代交替，還很得意自己成功利用天敵經營農業。

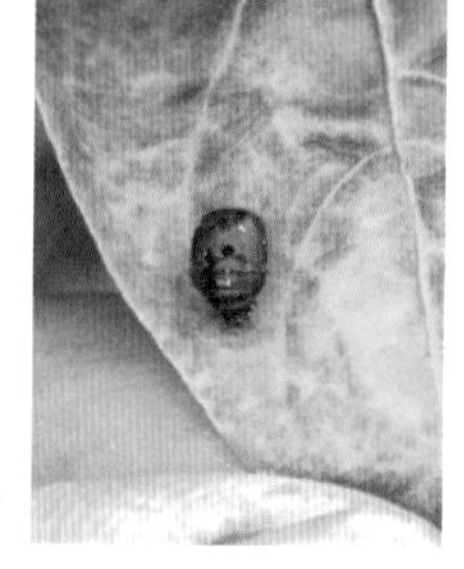

在移動瓢蟲時，如果是蟲蛹狀態應特別注意。若蟲蛹內寄生跳小蜂等寄生蜂或寄生蠅時，反而會使移動後的場所增殖蠅或蜂，甚至會讓瓢蟲全體滅亡。蟲蛹的背部若出現小洞，可能就是寄生蜂或寄生蠅從寄主瓢蟲爬出的痕跡。

然而，完全料想不到的陷阱卻在前方等著。某一年，由於其中一棟草莓溫室的蚜蟲危害嚴重，所以從其他溫室收集七星瓢蟲的蟲蛹移動，但是大部分卻無法成功羽化。過了一陣子後仔細觀察發現，蟲蛹的背部出現了小洞。蟲蛹的小洞是專門寄生瓢蟲的寄生蜂，或是寄生蠅的幼蟲將蟲蛹內啃食殆盡，成長為成蟲後爬到外面的痕跡。試著將還沒有小洞的瓢蟲蟲蛹捏破後，數十隻蛆狀的寄生蜂幼蟲從中鑽出。心想「糟了！」，但是為時已晚。因為不小心將遭到寄生的蟲蛹帶入溫室，結果使溫室內的瓢蟲全軍覆滅。

將瓢蟲當作驅除害蟲的「道具」利用，其實是一件極為困難的事。雖然深深體會到人類無法照著自己的想法控制大自然，但是就必須得放棄利用天敵這個方法了嗎？其實正好相反。經過數次的錯誤經驗，反而成為我開始思考「田間的環境打造」，該如何打造出瓢蟲喜好棲息環境的契機。

無法離開寄生蜂蜂蛹的龜紋瓢蟲成蟲。在掙扎至死亡的過程中也無法離開，被迫守護著從自己身體爬出的蟲蛹……？蟲的世界還有許多不可思議之處，觀察永遠都不嫌膩。

停留在番茄葉片上的是寄生蜂「小蜂」。之前瓢蟲曾經因為這種寄生蜂而遭到撲滅。

沒有蚜蟲的田間就沒有未來

日本的蚜蟲大約多達700種。其中務農的人最熟悉的種類，想必是桃蚜和棉蚜。桃蚜除了十字花科和茄科蔬菜之外，也會發生於菠菜等葉菜類的蔬菜，而棉蚜主要是對於葫蘆科蔬菜造成食害，但是也會在秋葵或芋頭上發現其蹤影。兩種蚜蟲可說是有農田的地方就一定會出現，是對於各種蔬菜造成食害的蚜蟲。

兩種蚜蟲都是在注意到「有蚜蟲」的時候，已經密密麻麻地附著在蔬菜的葉片或莖部。蚜蟲的繁殖力驚人，而其中的秘密就是不需產卵就能增加數量的「孤雌生殖（單性生殖）」。

雖然蚜蟲的生命週期會根據種類而有所差異，不過在田間常見的種類，從春至夏季，成群的蚜蟲當中僅有雌蟲。雌蟲會在自己體內進行單性生殖，每天生產出數隻和自己相同的幼蟲。幼蟲只需要僅僅10天就能成長為成蟲，之後不斷重複世代交替。雌蟲會和秋至冬季出現的雄蟲交配，開始進行「有性生殖」。不過，單性生殖的增殖速度遠

蚜蟲是田間食物鏈最下層的蟲。也就是說，雖然蚜蟲屬於害蟲，卻是為了讓各種昆蟲造訪田間不可或缺的存在。我最近如果發現新的蚜蟲種類，反而會很開心「又有新種類的昆蟲會前來了」。為了能打造出昆蟲種類豐富的生態系，總是會在同一區栽培不同種類的作物。

比有性生殖來的快而且有效率。

除此之外，當群體過大，或是所吸食汁液的植物枯萎等棲息環境惡化後，群體中就會突然出現「長翅膀的雌成蟲」，飛行在空中尋找新的覓食處，並且在那裡產下新世代的蚜蟲，並且逐漸增加數量。多麼厲害的繁殖戰略啊。

蚜蟲最令人頭疼的，除了極佳的繁殖力之外，還會成為蔬菜病害……嵌紋病的媒介，從尾端排出的排泄物，也有成為煙煤病溫床的危險性。

所以蚜蟲是「百害而無一利」的害蟲嗎？若要讓想將土生土長的天敵昆蟲利用於農業的我回答的話，答案為「不是」。還不如說是田間沒有蚜蟲的話，反而會令人困擾。

支撐著食物鏈的底端

在我的田間，除了前述的桃蚜和棉蚜之外，在一整年間也會交替

蚜蟲密度過高便會出現有翅型個體，並移動至其他區域。

出現白尾紅蚜、偽菜蚜、黑豆蚜、豌豆修尾蚜、豌豆蚜等各種蚜蟲。而捕食這些蚜蟲的天敵昆蟲們，當然也會陸續現蹤。像是瓢蟲類、食蚜蠅類的幼蟲、草蛉類的幼蟲，以及寄生在蚜蟲的蚜繭蜂類等等。不過，就像是瓢蟲和蚜蟲的關係一樣，捕食者的喜好非常偏激，並沒有所有蚜蟲都加以捕食的萬能天敵存在。

舉例來說，蚜繭蜂是非常厲害的蚜蟲天敵，甚至被商品化成生物農藥。近年來，在小川農場的數棟溫室內，自從瓢蟲會飛進溫室內過冬後，蚜繭蜂也開始重複世代繁殖交替，令人覺得安心。不過，寄生於棉蚜或桃蚜等許多蚜蟲種類的蚜繭蜂，並不會寄生在豌豆蚜上，因此這時候開始出現黃金交叉的，就是食蚜蠅的存在。食蚜蠅類的幼蟲不但耐寒，而且還能幫忙驅除蚜繭蜂不吃的豌豆蚜，可說是幫了大忙。

就算每種天敵並非萬能，但是各種天敵會交替前來田間，所以在不知不覺間蚜蟲便會消失。在經過好幾次這樣的經驗後才終於發覺。雖然過去總是執意認為「蚜蟲就是害蟲」，不過現在明白如果沒有蚜

就算一部份小黃瓜田遭到蚜蟲食害嚴重，只要經過一段時間，七星瓢蟲和異色瓢蟲部隊就會前來救援。只要每年都堅持不使用農藥，從害蟲出現至天敵登場的時間絕對會變短。

蟲存在，天敵們也不會現身於田間。蚜蟲這個昆蟲在田間的生態系中，其實是支撐著食物鏈的底層。

為了讓各式各樣的昆蟲前來田間，應隨時存在著各種蚜蟲。不對，應該說沒有蚜蟲的話就會很困擾。我對於蚜蟲的存在意義終於恍然大悟。

打造出天敵前來的田間環境

在小川農場內，完全沒有一棟溫室是栽種單一種作物。舉例來說，於栽種十字花科蔬菜隔壁列，栽種菊科或是莧科蔬菜，或是在溫室的兩端栽種繖形花科的鴨兒芹或石蒜科的麗韭等，盡量以混植或間植的方式栽培。為了讓田間附近的各種本土天敵昆蟲前來捕食蚜蟲，於同一個溫室內必須栽種各種蔬菜，讓各種天敵能捕食不同種類的蚜蟲，而打造這種能均衡發展的環境是非常重要的……我的栽培方法便是以如此反論為基礎。

重點在於每一列都要栽種不同科的蔬菜。如此一來，喜愛特定蔬

當蚜蟲遭到寄生蜂的蚜繭蜂寄生後，最後會變成銀色的圓形木乃伊（木乃伊化的蟲蛹）而無法動彈。之後蚜繭蜂的成蟲會從中飛出，因此若發現木乃伊狀的蟲蛹時，就代表蚜蟲會逐漸減少。也可以將木乃伊狀的蟲蛹移動至需要的田間。蚜繭蜂是低溫也能活動旺盛的重要益蟲。雖然非常小而難以發現，但是在日本的在來種（本土品種）就有80種之多。

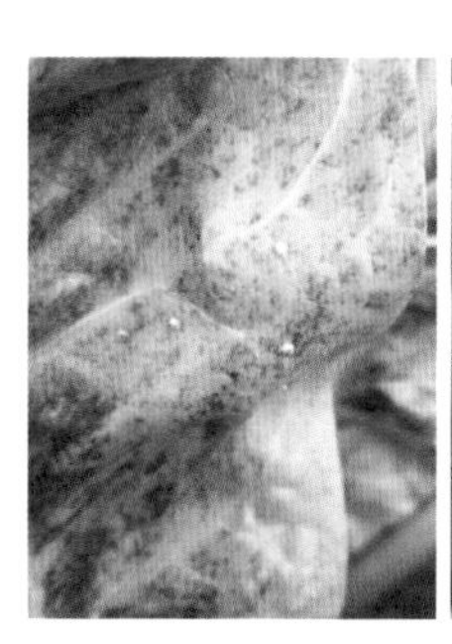

菜並且造成食害的蚜蟲就不會橫向移動，能防止危害範圍擴大。另外，在溫室兩側的空地所栽種的蔬菜其定位為「天敵溫存植物」，是擔任犧牲的作用。目的在於將喜愛這些蔬菜的蚜蟲當作《誘餌》繁殖，同時也能使天敵昆蟲繁殖增加。

每一列栽種不同科蔬菜的方法，也很適合在小巧的田間栽種各種蔬菜的家庭菜園。不過，像是玉米這種藉由風授粉的作物，則不建議以條列的畦，而是以四角形栽種整面。

這時候盡量減少單一栽種的面積，剩下的耕地就能以條列式的畦栽種各種不同的蔬菜。

若只是發生於局部的話，蚜蟲絕對不具威脅性。話雖如此，還是會有「全都被蚜蟲覆蓋啃食的植株該怎麼辦？」這個問題存在。因此在最後為各位介紹我正在實踐的處理方法。

身為農家的我，會將蚜蟲的危害區分成容易出現經濟性受損的蔬菜，以及並非如此的蔬菜。前者為食用部分遭到危害的葉菜類，後者則是根菜類、薯芋類及茄子、小黃瓜及毛豆等果實類蔬菜。

像是芋頭葉子這種非食用部分遭到蚜蟲危害時，就不需要太過於緊張（右）。能聚集瓢蟲的幼蟲（下頁右）、草蛉（中）、蚜繭蜂（左）等各種益蟲。

食用部分不會直接遭到危害的蔬菜，可期待天敵昆蟲的救援，因此蚜蟲幾乎只要放任不管就好。天敵的出現若追趕不上蚜蟲的繁殖，危害不斷延續至其他植株時，可以用水管噴出強烈的水，藉由水壓沖掉蚜蟲。雖然無法完全殲滅，但至少能在等待天敵前來的這段期間，抑制蚜蟲的繁殖。

問題在於葉菜類，不過這時候也是刻意將蚜蟲危害嚴重的植株留下，當作引誘益蟲前來的天敵溫存植物，剩下的其他植株則是趁蚜蟲出現前儘早採收。因為像是萵苣等，當蚜蟲一旦侵入捲起的葉片內部時，作為商品就會造成致命的損害。冬天的主力蔬菜之一……山葵菜及菊苣等，則是將尚未遭到蚜蟲吸食汁液的健康葉片採收，集中裝入袋中出貨。這些都是為了盡量避開經濟損失而想出的方法。

順帶一提，小川農場目前於冬季共栽種10種的菊苣。原產於歐洲的菊苣，是經常應用於義式或法式料理的食材，雖然主要出貨對象是餐廳，不過因為前述原因而摘下的零散葉片，則是包裝成「綜合生菜」直接販售給一般顧客。混入嫩生菜葉中當作沙拉使用不僅能呈現出高級感，將菊苣當作器皿，裝入彩椒或是炒絞肉料理，也能成為外

蚜蟲增加而枯萎的山葵菜。刻意保留於田間，當作瓢蟲、食蚜蠅、蚜繭蜂等天敵的繁殖地，就能防止危害擴及其他蔬菜。

觀漂亮的一道料理。最重要的是綜合沙拉中含有高單價的菊苣，因此而受到客人們的好評。

於三月採收的茼筍（莖用萵苣）。蚜蟲隱藏在小到連蚜繭蜂都無法進入的小洞中，而食蚜蠅則像是吸塵器般將蚜蟲吸出。活躍於低溫期的蚜繭蜂能防止毀滅性的損害，進入三月後登場的食蚜蠅，只要一週就能將八成的蚜蟲啃食殆盡，是兩種天敵的完美聯手作戰。捕食蚜蟲的益蟲們除了種類之外，連捕食的時期及方法都會有所區分。

三大極惡蝶蛾幼蟲的關鍵在於早期發現

說到對於蔬菜葉片或果實造成食害的蝶蛾幼蟲，雖然也有紋白蝶及金鳳蝶的幼蟲、菜葉蜂的幼蟲、蔬菜象鼻蟲的幼蟲等例外，但其實大部分都是蛾類的幼蟲。

從春天至秋天，蛾類、螟蛾類、捲葉蛾類、小菜蛾類、尺蠖蛾類、天蛾類，名字多到列舉不完的各式各樣的蛾類幼蟲，會在每週交替出現於田間，將蔬菜啃食殆盡。

其中最為惡劣、會對於田間帶來嚴重危害，也可以說是三大極惡蝶蛾幼蟲的，莫屬夜盜蟲（夜盜蛾的幼蟲）、食心蟲（菜心螟等幼蟲）以及切根蟲（黃地老虎）了。

我也長年為這些害蟲們所擾而嚐盡苦頭。在分別以我的經歷說明這些惡劣蝶蛾幼蟲生態特徵的同時，也為各位介紹我是如何嘗試各種錯誤經驗後，最後終於找到不用農藥就能減輕危害的方法。

夜盜蟲是夜盜蛾、斜紋夜盜蛾、甜菜夜蛾等夜盜蛾類的幼蟲，將遭到危害的植株基部稍微挖起，可發現捲成圓形的夜盜蟲（右）。食心蟲則是菜心螟等螟蛾類幼蟲，而切根蟲則主要是指黃地老虎的幼蟲，不過金龜子的幼蟲也會被稱為切根蟲（右）。

夜盜蟲難以對付的三個理由

夜盜蟲是指在田間食害蔬菜的夜盜蛾、斜紋夜盜蛾、甜菜夜蛾等夜盜蛾類幼蟲的總稱。夜盜蟲可謂是害蟲中最棘手的類型，原因是以下的三種特徵。

首先是第一個，夜盜蟲如同其名是屬於夜行性的蝶蛾幼蟲。終齡幼蟲會在狩獵蜂等天敵活動的白天潛藏在土壤中，到了夜裡出現於地面，「就是這裡了」瞄準目標並且狼吞虎嚥地啃食蔬菜。由於在從事農務的白天無法看到其蹤影，所以不論是發現或捕殺都很困難。

第二點是容易大量出現。相較於其他種類的蛾，像是天蛾類等是在每片葉子上產下一顆卵，而夜盜蛾則是在每片葉背集中產卵。在同一處集中產下的蟲卵，其數量從數百顆甚至多達上千顆。

第三個理由是夜盜蟲的食性範圍極廣。一般昆蟲大多偏食，所捕食或啃食的食物多為固定種類。因此棲息的場所也能有所區分，但是夜盜蟲類雖然特別喜愛高麗菜、青花菜、大白菜等十字花科蔬菜，不過對於莧科的菠菜、菊科的萵苣等各種蔬菜也不分喜惡全都吃乾抹

夜盜蛾類會在一片葉片上集中產下大量蟲卵，若放任不管就會爆發性擴展。不過夜盜蛾通常是產卵於葉背，所以很難在這個階段察覺。

淨。而且大食怪也是特徵之一。

夜盜蟲在一年中大多發生於春和秋季，這個時期同時也是葉菜類的栽培季節。青花菜及花椰菜等食用花蕾部分的蔬菜，就算只是出現一點啃食痕跡，便會失去商品價值，若夜盜蟲隱藏在花蕾內部的話，甚至還會出現客訴。

那麼，該如何減輕難纏的夜盜蟲所帶來的危害呢？對策的關鍵首先就是早期發現。

若在蟲卵的階段發現的話就算幸運，不過產卵在葉背的卵塊尤其難以察覺。捕殺的最好時機，就是剛孵化的幼齡幼蟲時期。其實夜盜蟲要經過幾次脫皮，身體變成黑色後，才會開始轉變為夜行性，剛孵化的幼齡幼蟲通常都是聚集在同一片葉背啃食葉子。遭到大量幼蟲從葉背啃食的葉片，會呈現參差不齊的網狀，所以只要摘除一片出現啃食痕跡的葉片，就能將數百隻夜盜蟲一網打盡。如過錯過這個時機，幼蟲就會開始分散於四處，所以應該要隨時注意是否出現網狀啃食痕的葉片。

若要驅除於夜間活動的終齡幼蟲，應仔細觀察啃食後立刻出現的

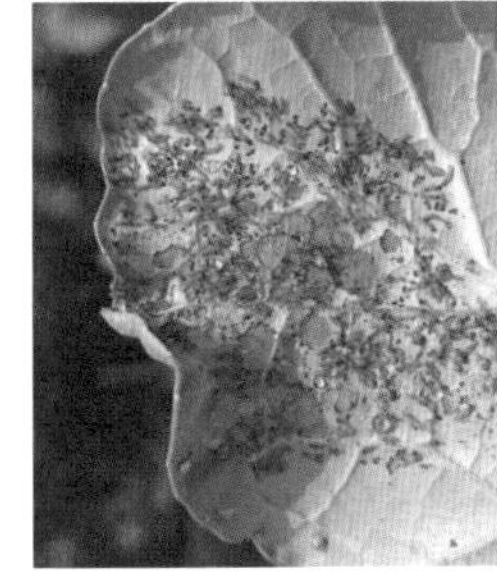
剛孵化的夜盜蟲不會立刻移動，而是開始啃食葉片。遭到啃食的葉片變薄後，葉片就會呈現蕾絲網狀，這時候就能以肉眼確認。若要捕殺的話應趁這個階段進行。隨著幼蟲長大，便會開始擴及至周圍的葉片及植株。

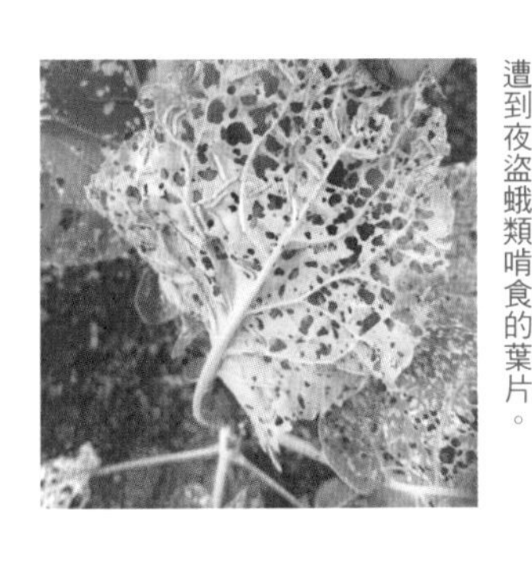
遭到夜盜蛾類啃食的葉片。

啃食痕及鬆軟的糞便。就算沒有發現夜盜蟲的蹤跡，不過這就是熟齡幼蟲在夜晚食害蔬菜的證據，可以試著將挖掘出現啃食痕及蟲糞的植株基部周圍。如此一來就能發現隱藏在土壤的夜盜蟲。

夜盜蟲的潛藏位置，大多位於土壤堆高且稍微乾燥的地方。此外，由於幼蟲們具有集團群聚的習性，所以只要找到一隻，就代表附近還有許多潛藏在土壤中。而蔬菜的枯老葉片掉落堆積在地面時，也有可能會有夜盜蟲潛藏其中，應仔細確認。

建議在夜晚巡邏

順帶一提，我在進入夜盜蟲的發生時期後，會於每晚戴上探照頭燈巡邏溫室。白天隱藏在土壤中的熟齡幼蟲，到了夜晚便會爬出土中啃食蔬菜，所捕殺到的夜盜蟲甚至能裝滿手上提的塑膠桶。另外，會於秋季將大白菜、蔓菜、水菜啃食殆盡的蔬菜象鼻蟲，在白天雖然會於地面休息，不過到了晚上就會開始活動，爬上蔬菜大口啃食葉片。這種也能在一晚捕殺多達約１００隻。

尤其到了秋季，天氣開始轉涼後，溫室內就會有許多蟲類開起蔬菜吃到飽的派對。夜盜蛾（右）、黃地老虎（中）、蔬菜象鼻蟲（左）等，各種害蟲紛紛現蹤。

雖然是有點不舒服的景象，不過經營家庭菜園的人絕對要試一次看看夜間巡邏。手電筒打亮的前方，白天前所未見的「田間新世界」就會在你眼前敞開。

「食心蟲」是指菜心螟的幼蟲，同時也是農業的第一級害蟲。在梅雨季結束後會先出現成蟲，到了秋天的彼岸時期（秋分，也就是中秋）左右會重複發生5～6次。有降雨量少且愈乾燥就愈容易大量發生的傾向。

成蟲會在每個十字花科蔬菜的新芽產下一顆卵，孵化後的幼蟲潛入生長點（芯的部份）將內部啃食殆盡，因此會對白蘿蔔、蕪菁、小松菜、大白菜、高麗菜、青花菜等秋季蔬菜造成毀滅性危害。若幼苗的生長點遭到破壞，蔬菜幾乎就無法繼續生長。

預防食心蟲最重要的就是避免成蟲產卵。從播種至定植的這段期間，應於苗床覆蓋防蟲網以防止成蟲入侵，同時若在防蟲網的角落發現成蟲時，也應將其捕殺。

若之後還是出現食心蟲的話，在幼蟲剛孵化的階段也還來得及。幼齡幼蟲具有吐絲將新葉捲起的特性，所以若發現捲起的葉片，應將

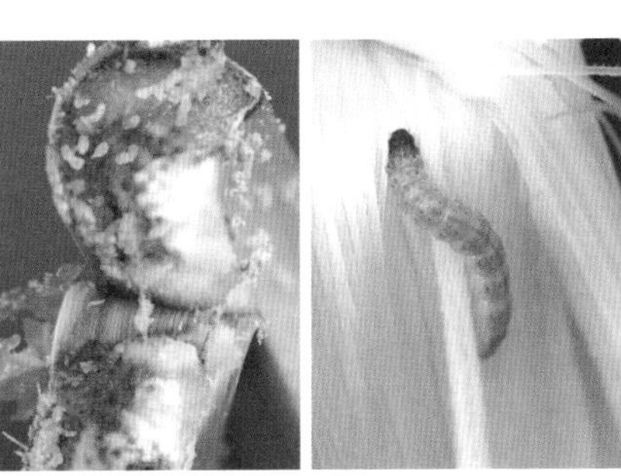

同樣屬於食心蟲的亞洲玉米螟。為玉米等作物的害蟲，會入侵莖部、果實、雄穗、雌花中造成食害。

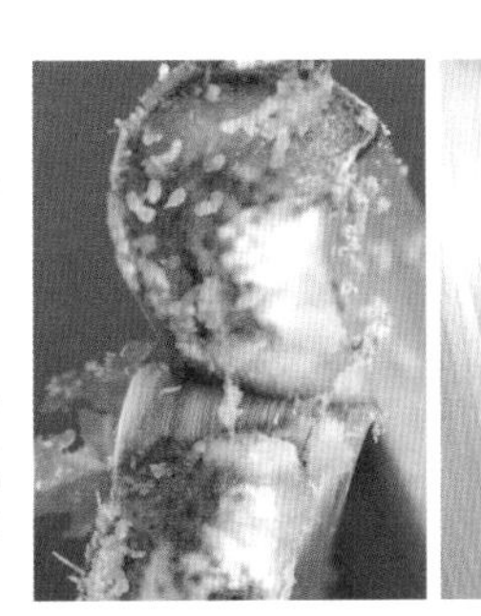

就算鋪設防蟲網，蛾類還是會在觸碰到網子的葉片上產卵。位於網子上方的成蟲也應加以捕殺。照片為喜愛十字花科蔬菜的菜心螟（捕殺後）。

葉片打開捕殺內部的幼蟲。

為了能儘早發現葉片的異常，去除受傷的葉片等，隨時使苗株保持健康光亮的狀態才是最重要的。每到食心蟲的繁殖季節，我都會分別在早、中、晚，每天至少三次確認苗的狀態。

將幼苗莖部啃斷的切根蟲

黃地老虎類的幼蟲，就如同俗名「切根蟲」一般，會將剛定植好的幼苗，將接近地面的莖部啃斷使幼苗倒伏。危害遍及十字花科的大白菜、高麗菜，以及菊科的萵苣等，在我的農園中紅蘿蔔、空心菜、羅勒、辣椒等苗株也很容易遭到危害。

切根蟲的惡劣行為和夜盜蟲一樣，在白天會潛藏於土壤中，所以難以掌握犯罪現場。也因為這樣，雖然切根蟲是有名的害蟲，卻意外地鮮少人見識過其蹤影。

黃地老虎的幼蟲會以幼蟲的型態，潛藏在土壤中或是枯葉下方過冬。到了氣溫回暖的春天時，首先出現最初的成蟲，至秋天重複2～

菜心螟會啃食生長點，所以會為幼苗帶來致命傷。特徵是啃食葉片或莖部，並且將自己包覆起來隱藏。藉此避免受到天敵捕捉，是非常麻煩的害蟲。只生長在溫暖地區，較少出現的地區令人羨慕。

3次的世代交替。雌蛾會在田間周圍的雜草上產卵。孵化後的幼蟲會暫時在所產卵的葉背生活，脫皮長大後則會轉變為夜行性。若在這個階段附近栽種了蔬菜苗，就會啃食苗株的嫩莖以取代雜草。

若放任切根蟲不管，每一隻會陸續食害相鄰的幼苗。因此建議在早上巡視田間，如果發現遭到啃斷的幼苗，可試著稍微挖看看植株周圍的土壤。絕對能找到1、2隻幼蟲。多的時候甚至能從一棵植株周圍的土壤找到6隻左右切根蟲。切根蟲跑得非常快，會迅速鑽回土壤隱藏，或是將灰褐色的身體捲起，看起來就和土塊一樣，所以捕殺的時候應特別注意避免其逃跑。

預防發生的方法有以下幾種。

關鍵在於應將根切蟲的出現來源，也就是田間周圍的雜草於定植前割除乾淨。另外，前一作若出現過切根蟲危害時，應將蔬菜的殘渣連同根部一起丟掉。不管有沒有出現危害，應稍微閒置農地再栽種下一輪蔬菜。

在我所實踐對付切根蟲的方法中，最有效果的就是將幼苗栽培至一定大小後再定植。因為切根蟲無法啃斷已經生長變粗的莖部。如果

切根蟲會將莖部切斷，若遭到危害只能放棄此苗株。試著挖掘遭到切根蟲啃食的位置或相鄰植株基部的土壤，就能發現切根蟲（右）。黃地老虎的成蟲（左）。

金龜子的幼蟲會啃食蔬菜的根部，而寄生在金龜子幼蟲的金毛長腹土蜂會以成蟲的型態過冬，從早春就能幫助驅除害蟲。

還是擔心的話，在處理田間周圍雜草時，可以刻意留下切根蟲喜好的禾本科、茄科、繖形科雜草當作誘餌，在植株生長至充分大小的這段期間，將切根蟲引誘至雜草區以減輕田間的危害。

除此之外，也可以利用捲筒衛生紙的紙芯或是鋁箔紙等，將接近地面的莖部覆蓋加以保護，以避免切根蟲靠近蔬菜苗株。雖然對於栽培苗株數量較大的農家而言非常耗費工時，是比較不切實際的方法，但是在家庭菜園等栽培少量苗株的人，也許可以試看看此方法。

小川流的蝶蛾幼蟲對策

在最後，將田間三大害蟲……蝶蛾幼蟲的「小川流」預防及對策以條列整理出來供參考。雖然每個並非都是能確實解決的方法，但是只要以「小兵立大功」的決心實施，絕對能有助於減輕田間的危害。

夜盜蟲的預防和對策

・確認葉背是否有成蟲產下的卵塊！發現後立刻驅除

避免產卵的防蟲網。

其中一棟溫室是使用苗床栽培。將放置黑軟盆或是穴盤苗的位置，設計成能覆蓋防蟲網的結構。若網子之間有縫隙，蛾的幼蟲便會立即產卵。下一頁的右圖為剛孵化的菜心螟。

- 若在遭到啃食成蕾絲網狀葉片上發現孵化後的成群幼齡幼蟲，應將整片葉片摘下捕殺
- 在夜晚巡邏溫室內，發現並捕殺夜行性的終齡幼蟲
- 在露地栽培時應覆蓋防蟲網，於夜間巡視並且捕殺停留在網上的成蟲

食心蟲的預防和對策

- 於苗床覆蓋防蟲網，避免成蟲產卵
- 捕殺位於防蟲網周圍的成蟲
- 於剛孵化的幼齡幼蟲階段加以捕殺
- 於繁殖時期的早中晚各一次頻繁巡視，觀察幼苗是否出現異常

切根蟲的預防和對策

- 將前一作的蔬菜殘渣清理乾淨，避免立刻接著栽種下一作幼苗
- 將切根蟲喜愛的植物當作天敵溫存植物栽種
- 盡量使幼苗生長茁壯後再定植

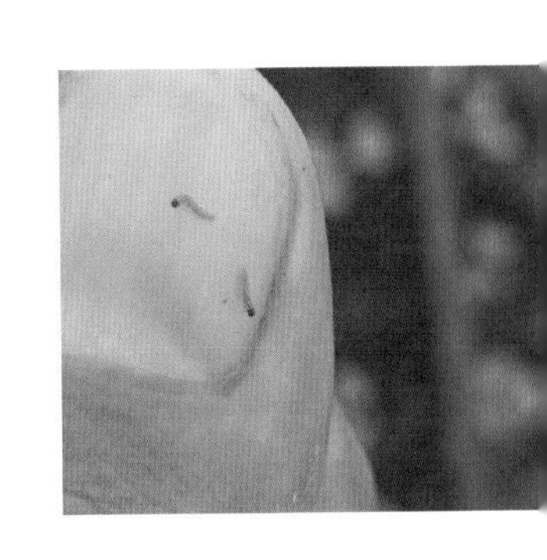

絳車軸草（絳三葉）。也會栽種和蔬菜無關係的植物，當作蟲媒植物來引誘天敵前來。

・早上巡視田間，若出現危害時可挖掘植株基部的土壤，一旦發現幼蟲立刻捕殺。若啃食痕跡老舊代表已經不在附近，應找尋新的啃食痕

這些蝶蛾幼蟲害蟲會潛入新芽或是土壤中，以巧妙的型態避開天敵生存，不過天敵也不遑多讓。

以夜盜蟲為例，夜行性的蟾蜍或是步行性的蜘蛛、步行蟲等就是殺傷力十足的捕食者。在白天活動的幼齡幼蟲，則是長腳蜂等狩獵蜂及寄生蜂的最佳目標。另外，天敵不只僅限於捕食者而已。

過去在我的農園裡，曾經發生過成蟲入侵防蟲網內，在青花菜上產卵並且出現大量的夜盜蟲。然而，萬幸的是終齡幼蟲在青花菜長出花蕾前就已經全軍覆滅。當我發現發霉的幼蟲，以及在土中完全沒有夜盜蟲的出現時，便推測這些幼蟲應該是同一時期遭到寄生菌入侵消滅。

以前曾經因為害怕夜盜蟲大量出現，而使用了各種農藥卻沒有太大的效果，但是經過這次經驗後，我對於夜盜蟲不再感到恐懼。另

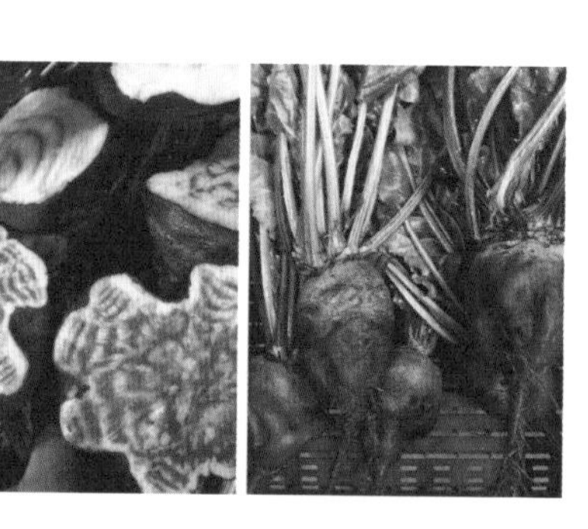

遭到黃地老虎啃食成凹凸崎嶇狀態的甜菜根。

外，就算殺紅了眼將其撲滅，雙手所能驅除的數量還是有限。這並不僅限於夜盜蟲，對於所有難纏的害蟲，只要等待哪一天救世主……天敵的出現，同時使用像是前述方法一樣的智慧和訣竅減輕危害即可。我目前的想法已經轉換成這個方向。

若要加以捕殺時，關鍵就在於找出最有效果的時機點。隨時巡視田間狀態確認蔬菜是否出現異常，早期發現才是最重要的防治重點。

金龜子會啃食蔬菜根部，而狩獵金龜子的虎頭蜂屬於益蟲。圖中虎頭蜂的空巢竟多達15層，非常罕見。雖然一般人發現虎頭蜂通常是加以驅除，但是當虎頭蜂消失後，特定的蟲類就會增加。如果不是危險的場所，任其生長也很重要。

蜜蜂比起「購買」更應該要「飼養」

小川農場會以當地的居民為對象，不定期舉辦田間的昆蟲觀察會，這時候經常有小朋友問我「最喜歡的昆蟲是什麼？」。我大概都是這樣回答：「喜歡的昆蟲有很多種，但是最有趣而且感到興趣的就是蜂類」。

在我所理想的農業中，蜂是不可或缺的存在，而且實際上在栽種蔬菜時也受惠於各種蜂類的貢獻。尤其是蜜蜂、虎頭蜂和長腳蜂這些「社會性蜂類」的世界，愈進一步了解就愈能感受到其中奧妙，撇開農家的立場，我這個昆蟲迷也對蜂類充滿興趣。在觀察會中聊到蜂類時，總是會在不知不覺中激動高昂，當地的孩子們甚至有人叫我「蜜蜂叔叔」。

我並不是從以前就喜歡蜂類。曾經有小時候被蜜蜂螫到的不好回憶，反而一直都很討厭蜜蜂。只是因為從事農業，就無法忽視能幫助

在農田相鄰的家中庭院，設置了日本蜜蜂和西洋蜜蜂的蜂巢。日本蜜蜂會在每年4月底～5月上旬前來。在整群前來之前，先鋒隊會先飛來巡視，所以看到這些蜜蜂時，就會立刻準備巢箱和吸引蜜蜂的蘭花。

授粉的蜜蜂。最初是為了草莓授粉用，而和認識的養蜂農租借巢箱開始，之後開始購買，接著在不知不覺之間開始自己飼養起蜜蜂了。

市售的蜜蜂價格相當昂貴，雖然會根據潮箱內巢板的張數而異，不過一箱大概要價2～4萬日圓。若在每個溫室設置的話金額可觀，而且中途全軍覆滅的話還需要額外的費用。另外，若對於蜜蜂生態不熟悉的話，每當出現問題時就必須要向養蜂農或是販售業者諮詢，所以後來覺得自己管理還比較有效率。因此我開始參加站在研究最前端的學者們所舉辦的學術研討會及研究會，徹底學習女王蜂和工作蜂的生態、行動、社會性的結構，以及天敵的種類等，和蜜蜂相關的知識，接著就是透過實踐記住管理的方法。目前主要是對於蜜蜂的特性感到興趣，比起運用於授粉，觀察及保育反而成為飼養的主要目的。

無法野生化的西洋蜜蜂

一旦開始飼養蜜蜂後，就會偶然發現蜜蜂有趣的行為。巢箱通常是住著1隻女王蜂和一大批雌蜂的工作蜂，其中也參雜著少數雄蜂。

當某一群蜜蜂偷採其他群蜜蜂的蜂蜜時，就叫做「盜蜜」，西洋蜜蜂經常會襲擊日本蜜蜂的巢箱。不過遭到襲擊的巢箱，通常是已經因為某些原因而呈現組織衰弱的巢箱。原因包括遭到以蜂巢為食物來源的巢蟲（大蠟蛾的幼蟲）入侵等。照片為遭到破壞的日本蜜蜂蜂巢。

雄蜂的數量如此稀少，卻經常在巢箱外看到死掉的雄蜂。雄蜂是為了和女王蜂交配而存在，所以是不用採花蜜或是花粉等，完全不勞動的懶惰蟲。也因此若雄蜂數量增加太多，就會被當作是多餘的存在，而被其他蜜蜂殺掉或是趕出。

女王蜂和雌工作蜂們之間的關係也相當複雜。關於蜜蜂的壽命，工作蜂的壽命大約是1～2個月，相較之下女王蜂的壽命則是長達3年，當女王蜂在位期間因為某些原因而死亡的話，工作蜂就會開始競爭並且自行產卵。所產下的這些卵全都是雄蜂，最後成為只有雄蜂的蜂群並且滅絕。

在蜂群之間若要等待新的女王蜂誕生，原則上是在自然環境下，於春至夏季蜂群（colony）擴大的這個時機點出現。當蜂群擴大密度過高後，新的女王蜂便會誕生，這時候就會開始分蜂（離開蜂巢），新的女王蜂會帶領約一半的工作蜂搬家。

本來蜜蜂是藉由這樣的方式增加群體以延續物種，但是用來養蜂或是農業授粉用的西洋蜜蜂，若沒有人類的介入就無法生存，所以需要以人為的方式進行分蜂管理巢箱，或是控制群體數量以避免分蜂。

日本蜜蜂也很喜歡停在我的手上。另外，就算在西洋蜜蜂完全不工作的寒冷雨天，日本蜜蜂偶爾也會辛勤工作，所以我認為日本蜜蜂可愛多了。

利用咖啡豆的袋子以避免蜜蜂在巢箱的天板築巢。……在這之前穿上袋子留下紀念。

西洋蜜蜂是從國外引進的外來種，如今仍無法適應日本的風土環境，就算成群從蜂巢逃走，抗病力不但弱，也缺乏對於天敵（主要是大虎頭蜂）的抵抗力，所以沒有辦法野生化。

每個農家養一群日本蜜蜂

我在這數年間，對於西洋蜜蜂的授粉運用一直抱持著疑問。和其他農家友人的聚會上，甚至曾聊過根本不需要西洋蜜蜂這件事。理由是比起需要人為介入才能生存下去的西洋蜜蜂，更加強壯而且能在日本風土氣候下繁衍後代的日本蜜蜂，才是日本農家更應該重視且加以運用的蜜蜂。

飼養日本蜜蜂非常困難。日本蜜蜂具有神經質的特性，像是巢箱內若沾染髒污，或環境出現變化時容易放棄蜂巢，但是反過來想，這些也可以說是蜜蜂獲得了在自然環境中延續生存智慧的證明。「因為沒辦法輕易馴養，所以更加迷人可愛」，也有許多將日本蜜蜂當作興趣飼養的愛好家。

在日本蜜蜂的巢箱前經常可見到虎頭蜂的死骸，日本蜜蜂非常可靠（右）。西洋蜜蜂基本上無法反擊虎頭蜂，所以偶爾巢箱會遭到襲擊（左）。

另外，和偶爾會遭到大虎頭蜂襲擊而使蜂巢全滅的西洋蜜蜂不同，日本蜜蜂具有能反擊天敵……虎頭蜂的武器。當蜂巢遭到攻擊時，日本蜜蜂會聚集成群，以球狀單獨包覆（蜂球）每隻虎頭蜂，並且急速增加體溫使虎頭蜂熱死。雖然部分日本蜜蜂會被叮咬而死，但是敵人也是全軍覆沒。形勢不利的大虎頭蜂逃出，蜜蜂死守蜂巢的案例也不在少數。

我強烈希望日本的每個農家都能飼養一群日本蜜蜂。在田間的幾處設置日本蜜蜂居住的巢箱，讓日本蜜蜂能找到喜歡的巢箱居住，提供蜜蜂們蔬菜的花蜜及花粉，反之讓蜜蜂們幫忙授粉當作勞動償還。

站在日本蜜蜂的立場來看，棲息地逐漸變成住宅區，原本能用來築巢的大樹洞也漸漸減少，呈現於不斷尋找棲息場所的狀況。希望農家或是樂愛家庭菜園的人，都能利用寬敞的庭園或是農地，增加日本蜜蜂能夠居住的環境。並非在人為的控制下設置巢箱等，用過去飼養蜜蜂的方式，而是打造出人類和蜜蜂都能共存共榮的環境……衷心希望日本全國都能以這種方式推廣下去。

修復遭到巢蟲（大蠟蛾的幼蟲）破壞的巢箱。剩下200～300隻蜜蜂，和其他蜂群會合。巢箱中留下的幼蟲和蟲蛹，則是讓其他日本蜜蜂家族來養育。

來自蜜蜂的贈禮

我同時飼養著日本蜜蜂和西洋蜜蜂，所以若要採蜜的話隨時都能採，但是蜂蜜是蜜蜂的食物，所以我並不會刻意去採蜜。不過，像是蜜蜂從巢箱中逃出，或是檢查巢箱時發現多餘的蜂巢時，就會收集對於蜜蜂而言不需要的蜂蜜，並且分送給其他人。

另外，我也會將空巢加熱製作蜜蠟。只要溫度稍微下降就會立刻凝固，所以製作過程非常困難，對於能巧妙運用這個物質築巢的蜜蜂感到敬佩。順帶一提，蜂巢在夏季會因為炎熱而容易損壞，有些工作蜂們為了減輕蜂巢的負擔，甚至會做出在巢箱外等候的聰明行為。

對於這兩個贈禮，我總是感謝蜜蜂的同時，心懷感激的收下。

蜜蠟
將蜂巢放入鍋中加熱，再取出凝固的懸浮物。

蜂蜜
裝入玻璃罐中，在農場舉行蜜蜂的觀察會當作伴手禮送給大家。

長腳蜂是勤快的獵人

每當進入4月，林立的溫室中便會陸續一個個增加小型的蜂巢。這是長腳蜂的一種，也就是中華馬蜂的蜂巢。最初由一隻女王蜂製作出小小的蜂巢，並且在蜂巢內產下4～5個卵。女王蜂單打獨鬥守護蜂卵，避免受到螞蟻等外敵的侵襲，同時運來枯草等當作築巢的材料，擴張蜂巢繼續產卵。當蜂卵孵化後還得要收集幼蟲們的食物。到最初的工作蜂誕生為止，令人為之動容的女王蜂必須持續孤軍奮戰下去。

我開始注意到中華馬蜂的存在，是在從事農業不久的初夏。當時，農場的溫室數量只有現在的一半，在其中的幾棟溫室內，可看到中華馬蜂振翅飛翔。尋找之下發現了5個左右的蜂巢。原本擔心會被螫到所以想說要將蜂巢驅除，但是看到如此優秀的獵人姿態，卻改變了心意。中華馬蜂主要會將菜青蟲（紋白蝶的幼蟲）及幼齡的夜盜蟲等蝶蛾幼蟲害蟲找出，再用尖銳的下巴刺成肉丸搬運至蜂巢內。每年5～6月是中華馬蜂養育幼蜂的季節，工作蜂的捕食活動也會變得更

孤身一人築巢產卵的女王蜂。產下的小孩們長大後成為工作蜂。

加活躍。仔細觀察就能發現，在有中華馬蜂蜂巢的溫室內，蝶蛾幼蟲等害蟲通常都會被一掃而空。

因為有了這個經驗，我開始觀察農場內除了中華馬蜂之外，還有哪些種類的長腳蜂，以及這些蜂類都是在哪些地方築巢。也決定當我發現這些蜂巢後，會小心保護它們不受到破壞。

在溫室內築巢的原因

在那之後經過了20年，當時只有7棟的溫室也擴增至15棟。而中華馬蜂的蜂巢也隨之增加，如今年間可製作多達70個巢。狩獵場不只侷限於溫室內，也會從隨時開放的出入口飛到外面，從露地蔬菜的每一片葉子，到排放於通道的每一個盆苗，仔細地巡邏並且狩獵蝶蛾幼蟲等害蟲。

在露地也經常看到雙斑長腳蜂的蹤影。這種蜂類主要是在庭園樹木或是灌木圍籬等較地的位置，每年製作約10個蜂巢。偶爾大型的黃長腳蜂則是會在屋簷下等築巢，而之前附近鄰居找我驅除暗黃長腳蜂

將蝶蛾幼蟲串起帶回蜂巢。

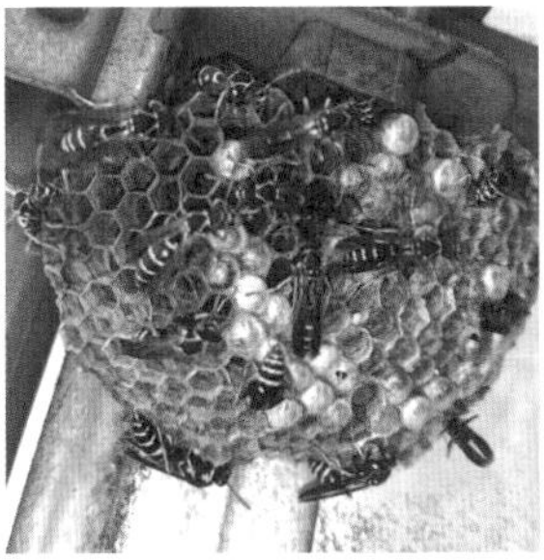

最初只有一隻女王蜂的蜂巢，已經擴展成如此壯觀的狀態。

的蜂巢時，心想著「真是太剛好了」，並且將好幾個蜂巢用膠帶綁在緊鄰農田的庭院松樹枝條上。

中華馬蜂雖然也會在小川農場的藍莓田築巢，但是遠遠不及溫室內的蜂巢數量。這和蜂巢的附著方式似乎有關聯。相對於其他長腳蜂的蜂巢是朝下，中華馬蜂則是橫向築巢。蜂巢面朝的方向非常重要，朝下的蜂巢能夠避雨，而蜂巢朝向橫向時，由於幼蟲們會直接受到風吹雨淋，所以在不會風吹雨打的溫室內築巢，這就是最大的原因。另外，這種長腳蜂偏好在橫向溫室內兩側、離地高度120公分左右的支架上築巢。這剛好是5～6月時氣溫會到達20～30℃的高度。同時也是養育幼蜂的最佳環境。

還有另外一種，主要在露地築巢的雙斑長腳蜂，偏好在離地面60公分左右的高度築巢。根據我的推測，這種習性是經過蜂巢周圍長出的雜草所計算而來。為了能守護蜂巢避免外敵侵襲，能隱藏蜂巢的茂密雜草非常重要。到了繁殖季節，這個高度剛好能藉由周圍長出的雜草隱藏蜂巢。

在農田周圍或是農地設施內築巢的長腳蜂，是容易在田間安居的

纏繞在松樹枝條上的暗黃長腳蜂蜂巢。

橫向築巢是中華馬蜂的特徵。

益蟲。尤其溫室內非常溫暖，對於長腳蜂的女王蜂而言，是最理想的越冬場所。為了能讓優秀的害蟲獵人……長腳蜂能常駐田間，建議發現蜂巢後不應驅除，而是要小心守護才對。

蜂類最大的敵人也是蜂類

我對於長腳蜂的認知是「天然的蝶蛾幼蟲殺蟲劑」。雖然是非常可靠的害蟲獵人，但是也有其缺點和弱點。

那就是工作蜂活躍工作的期間非常短，主要是在初夏至夏末。舉例來說，捕食對象夜盜蟲的出現高峰期為初夏及秋天兩次，但是在秋天過後就無法依賴長腳蜂了。這是因為在迎接秋天到來之前，長腳蜂的蜂巢會遭到天敵……虎頭蜂的大襲擊，呈現於毀滅的狀態。

於7月左右進入繁殖期的小型虎頭蜂，偏好攻擊長腳蜂的蜂巢，並且會陸續將幼蟲嚼碎成液體再帶走。遭到虎頭蜂攻擊蜂巢時，長腳蜂並不像日本蜜蜂一樣能勇敢應戰，也沒有任何對策，只能從自己的蜂巢逃走，並且呆然看著自己的幼小同伴陸續身亡。雖然有些小到無

攻擊長腳蜂蜂巢的熱帶虎頭蜂。

小型虎頭蜂（擬大虎頭蜂）的蜂巢。

法讓小型虎頭蜂入侵的蜂巢，能夠躲過浩劫生存，但是大部分的蜂巢都會被小型虎頭蜂找到。接著遭到小型虎頭蜂攻擊而失去幼蟲的長腳蜂，便會失去工作的動力，也不再進行狩獵。如此一來溫室內的害蟲就會一口氣增加。

對於攻擊農家的夥伴……長腳蜂及蜜蜂的虎頭蜂，雖然會視為眼中釘，但是反過來想，在虎頭蜂類當中，也有不少能捕食長腳蜂無法狩獵的大型蝶蛾幼蟲、甲蟲等害蟲，或是幫助花粉授粉的種類。就算從某個觀點看起來「有害」，但是從別的角度去看又能看見「益處」。這也是活用天敵的農法不能一言概之的關係。

如何和狩獵蜂和平相處

若田間的長腳蜂蜂巢增加，被蜜蜂螫到的危險性也會增加嗎？想必許多人會有這樣的疑慮，因此為各位介紹和狩獵蜂和平共處的訣竅。

大部分長腳蜂類的性格溫和，只要不刺激蜂巢，幾乎不會主動

長腳蜂的蜂巢每到夏末，就會因為小型虎頭蜂的襲擊而全都變成空巢。不過這個時期長腳蜂也結束繁殖，所以對於隔年的繁殖不會造成影響。

被蜜蜂螫到怎麼辦？

被蜜蜂螫到的話，最重要的就是別慌張，而且不要跑步。若陷入恐慌的話，反而會讓有毒物質進入身體內側。可以用吸毒器（poison remover）將部分有毒物質吸出，所以建議隨時準備。若出現痛苦等身體異常時，應立刻呼叫救護車。

螫人。我總是在溫室靠近觀察牠們築巢的樣子，但是長腳蜂完全不在意。若發現蜂巢的位置後，觀察蜂巢時再放慢動作接近就好。進行農活時裝作沒看見，或是甚至忘記蜂類的存在，讓人和蜂都能安心。

那性個兇猛的虎頭蜂又該怎麼辦呢？雖然具有攻擊性的類型以大虎頭蜂和黃色虎頭蜂為代表，其實離開蜂巢單獨來到田間的個體，和其他虎頭蜂一樣幾乎沒有攻擊性。不過若因為振翅的大聲響而嚇到，並用手揮拍是絕對禁止的。感受到危險的虎頭蜂會立刻轉為攻擊性。反過來說，只要不要做出啟動牠們防衛本能的行為，狩獵蜂基本上就不會螫人。

這是題外話，每到秋天經常會有當地人找我驅除虎頭蜂蜂巢，不過我都不建議驅除。尤其是在屋簷下等較高位置築巢的小型虎頭蜂或是黃色虎頭蜂，不會刻意往下飛螫人，所以放任不管即可。

在都市近郊，尤其是大虎頭蜂經常會被當作驅除對象殺除。因為這樣的影響，將大虎頭蜂視為天敵的其他虎頭蜂類數量便會增加。位於食物鏈最上方的虎頭蜂，是維持昆蟲整體數量均衡的重要因素，所以我認為不應該隨便驅除。

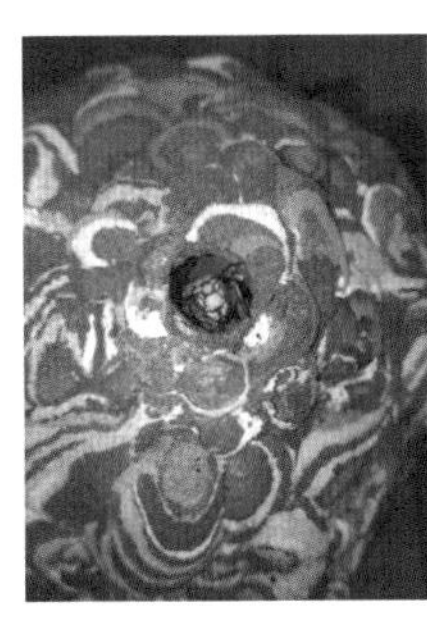

雄性的大虎頭蜂（右）和小型虎頭蜂（左）。

若要驅除大虎頭蜂，建議只限定於築在人來人往位置的蜂巢。

蜾蠃蜂和土蜂的狩獵技術堪稱職人

在這數年間，在我農場的黃緣蜾蠃蜂蜂巢數量逐漸增加。牠們會幫忙狩獵將青紫蘇、香草類將啃食殆盡的野螟蛾，以及秋葵的大敵……棉捲葉野螟或是捲葉蛾類幼蟲，是非常可靠的害蟲獵人。

說到狩獵蜂，想必許多人會聯想到屬於社會性昆蟲的虎頭蜂或是長腳蜂，其實在日本大約已知1000種類的狩獵蜂當中，以女王蜂為中心構成家族的社會性蜂類非常少，由一隻雌蜂單獨狩獵築巢的孤立性狩獵蜂佔較多數。蜾蠃蜂類則屬於後者。

蜾蠃蜂只產卵而不負責養育幼蜂。取而代之的是會準備「小孩房」，並且事先將儲備食物運送到房間內，避免剛出生的幼蟲為食物困擾。食物在幼蟲化蛹之前都不能腐敗，必須保持在新鮮的狀態。因此，當蜾蠃蜂捕獲獵物的瞬間，同時會刺下麻醉針使獵物處於假死狀

附著於支柱上的鑲黃蜾蠃蜂蜂巢。蜂巢內為蜾蠃蜂的幼蟲和遭到活埋的大量蝶蛾幼蟲（右）。會在住宅樑空隙築巢的則是麗胸蜾蠃。這種蜂類經常在住宅等人工物的小洞穴築巢（左）。

態，在仍然存活的狀態下運回蜂巢。當儲存的食物充足後就會開始產卵，再用唾液將泥土封住房間。不斷重複同樣的作業，逐漸增加小孩房。孵化的幼蟲則是吃著母蜂所準備的新鮮食物成長。順帶一提，蜾蠃蜂所築的巢，其設計會根據種類而異，像是麗胸蜾蠃（和名為煙囪蜂）或是德利蜂等，其日本名稱就是來自於蜂巢形狀的特徵。

「拖出來狩獵」的利基產業

蜾蠃蜂的生態儘管有趣，但讓我最感到佩服的是狩獵時，牠們所發揮的高超技巧。

蜾蠃蜂的獵物是螟蛾類及捲葉蛾類的幼蟲，此類幼蟲具有將啃食的蔬菜葉片捲成筒狀，並且隱藏其中躲避外敵的習性。再加上這些蛾蝶幼蟲的移動速度非常快。我也經常在把葉片打開，正要捕殺的瞬間讓幼蟲逃跑，驅除時非常棘手。而可靠的長腳蜂對於這種害蟲也是無能為力。因為長腳蜂不具有將隱藏的獵物「拖出來狩獵」的能力。

然而土蜂卻不一樣。蜾蠃蜂能窺視捲起來的葉片探查其中樣子，

土蜂能巧妙地將藏在葉片中的捲葉野螟拖出來。

追趕筒狀葉片中正要逃跑的獵物，最後將蛾幼蟲從隱藏之處拖出來狩獵。多麼厲害的職人技巧啊。

就像是利基產業般，蜾蠃蜂類在長年進化的過程中，藉由獲得其他狩獵蜂不擅長的狩獵技術，變得能夠獨佔某一種類的獵物……也許蜂類就是這樣避開競爭的。

實際上，在大量出現黃緣蜾蠃蜂的年份，野螟蛾或是捲葉蛾的危害也比較少，能採收亮綠健康的蔬菜。作為農家，蜾蠃蜂是希望每年都能出現的益蟲之一，可以的話最好能在田間附近繁殖。而實現此願望的方法，就是提供「蜾蠃蜂住宅」的資材。

蜾蠃蜂類會利用天牛將木材啃出的洞穴、竹筒、日本榧樹的洞穴等既有的洞穴築巢。利用此習性，將口徑適合蜾蠃蜂進出的細竹筒綁成束，放在田間附近即可。若順利的話，蜾蠃蜂會將這個當作築巢的材料，從親代至子代逐漸代代居住在田間。

另外，蜾蠃蜂也會利用令人意外的材料築巢。最近在我的農場中，在直接販售區放置的雜物桌上發現了小型的蜾蠃蜂繁殖。桌子的

正在收集蜂巢材料「泥土」的鑲黃蜾蠃蜂。

面板內側有螺絲脫落的痕跡，因此在那個孔洞內築巢。「原來也會利用這種地方啊」是個令人開心的發現。

同樣是蜾蠃蜂類，專門狩獵尺蛾蟲（尺蛾的幼蟲）的鑲黃蜾蠃蜂，則是會利用住宅的牆壁或廢材等人工物築巢。同時也是經常造訪都市近郊型農業或是家庭菜園的益蟲，和黃緣蜾蠃蜂一樣，希望各位都能注意到這些蜂類的存在。

能探測土中獵物的土蜂

小青銅金龜或是豆金龜等金龜子類，會在土壤中度過的幼蟲時代，將薯芋類或是蔬菜的根部啃食殆盡。由於從地面上看不到危害，所以捕殺非常困難，對於無農藥栽培的人而言是個很大的憂患。而專門狩獵金龜子幼蟲的就是土蜂類。

土蜂能潛入金龜子幼蟲所在的土壤內，捕捉後用針將其麻醉並且當場產卵。之後將挖掘的洞穴用土埋起，即可完成「小孩房」。金龜子的幼蟲雖然還活著，但是已經成為土蜂幼蟲的食物。土蜂是如何潛

正在探索土中的土蜂。沾滿了南瓜的花粉。

入土壤中確認獵物的存在，如今尚未找出原因，不過很有可能是藉由聲響或氣味來感知。

土蜂也會像其他蜜蜂一樣吸食花蜜，所以我過去都不知道土蜂是如此厲害的獵人，如今已養成看到土蜂現蹤後，不斷觀察其行為的習慣。於非常接近地面的位置低空飛行尋找獵物的樣子，真的非常可靠。

既然提到了金龜子的幼蟲，就順便介紹另一種厲害的天敵昆蟲。那就是肉食性的大食蟲虻。大食蟲虻是一種和螳螂不分上下的兇猛昆蟲獵人，在我的田間經常看到大食蟲虻停留在芋頭的葉片上，埋伏等待昆蟲經過附近的樣子。當我看到昆蟲界的惹人嫌……蝽象都能加以捕獲，並且大口咀嚼的樣子後非常感動，但是和螳螂一樣，連益蟲都捕殺這點卻令人頭疼。然而，最驚訝的是大食蟲虻還能在看不見的地方幫助驅除害蟲。大食蟲虻的幼蟲階段是在土壤中度過，主要捕食金龜子的幼蟲成長。

自從知道大食蟲虻是金龜子的天敵後，原本看起來可怕的成蟲外觀也變得可愛多了，真是所謂情人眼中出西施。如今每看到雌蟲的蹤影，總是會在心中默默祈禱「要產很多蟲卵喔」。

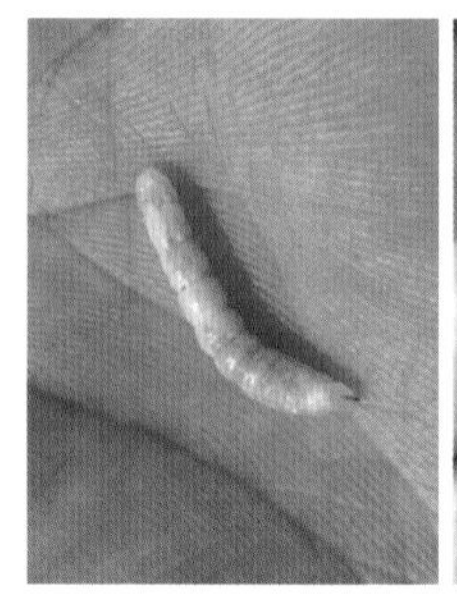

大食蟲虻和脫去的殼（右）。大食蟲虻雖然連蜜蜂都會狩獵，但是仍不掩優秀的事實。幼蟲（左）會幫忙捕食土壤中的害蟲。

看不見的益蟲・寄生蜂

在夏天的主力商品……番茄、青椒、茄子開始採收的時期，茄科的大害蟲……番茄夜蛾就會開始猖獗於溫室內。番茄夜蛾的幼蟲最令人頭疼的，就是特別喜愛種子附近的白色棉狀物質，所以會入侵果實內部。每隻幼蟲陸續潛入新的果實內，所以當幼蟲大量出現時，會造成嚴重的危害。

剛出生的幼蟲只會啃食葉片，所以造成的危害不算大。進入養育幼蟲期的中華馬蜂會進入溫室內巡視，將番茄夜蛾的幼蟲做成肉丸帶回蜂巢。但是，當番茄夜蛾的幼蟲稍微長大並潛入果實內部後，無法將幼蟲拖出來的中華馬蜂，也只能束手無策。

在這之中，能幫忙驅除棘手的番茄夜蛾的益蟲，就是寄生蜂的一種……側溝繭蜂。身體長僅有3毫米，非常細小。這種蜂類會在番茄夜蛾的幼蟲上產卵，蟲卵在幼蟲的體內成長，最後會衝破皮膚在幼蟲體外化成蛹。當然，這時候的番茄夜蛾幼蟲已經死亡。

食害番茄的番茄夜蛾。顏色和枝葉一樣，所以很難察覺。期待側溝繭蜂能幫忙驅除。

寄生蜂的大小從1～2毫米至2～3毫米等有許多種，大多都和寄生宿主的大小成比例。

宛如異形誕生

從遭到寄生的蟲看來，這種寄生蜂就好像是電影「異形」般的可怕怪物。在電影中出現的異形會寄生在人類體中，直到某一天異形的幼體突然衝破人體飛出，想像這個場景想必就能理解。不對，也許電影是看到自然界的寄生蜂才激發了這個靈感也說不定。

雖然寄生蜂非常小，不容易注意到牠的存在，但是當我在進行番茄人工授粉時，每年都會確認番茄夜蛾出現的狀況，結果漸漸發現番茄夜蛾的幼齡幼蟲上，附著許多極小的蜂類。若仔細觀察，甚至能目擊到寄生的瞬間。另外，若番茄、青椒或是茄子的葉片出現米粒大的蟲蛹時，很有可能就是側溝繭蜂的蜂蛹。每次發現時都會讚嘆「我的救世主！」而感到雀躍，並且努力保護這些蜂蛹。

側溝繭蜂的近緣種……菜蝶絨繭蜂也是期待造訪田間的寄生蜂之一。這種寄生蜂只會寄生在蝶蛾幼蟲，也就是十字花科的大敵……紋白蝶的幼蟲上，可謂是最強的蝶蛾幼蟲殺手。相對於側溝繭蜂從每隻

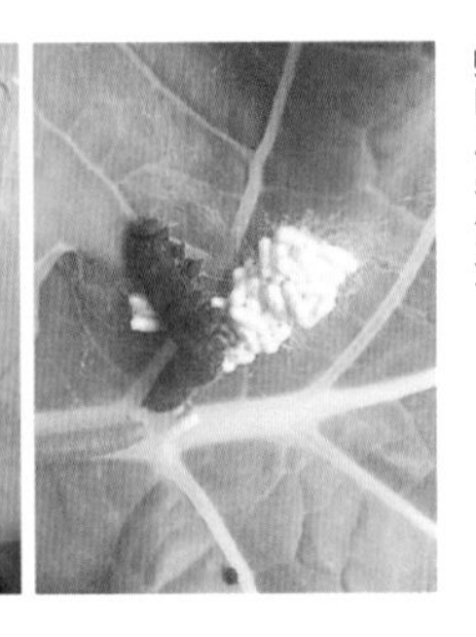

從紋白蝶幼蟲體內鑽出約40隻菜蝶絨繭蜂的幼蟲，並且化為黃色的蛹。外觀看起來非常奇異，但是千萬別丟棄（右）。菜蝶絨繭蜂的成蟲（左）。

宿主只會鑽出1個蟲蛹，菜蝶絨繭蜂則是會從紋白蝶幼蟲當中鑽出許多寄生蜂的幼蟲，呈現黃色的蜂蛹團塊。雖然很容易被誤認為是不知名害蟲的卵塊，但其實是能抑制高麗菜或大白菜害蟲（蝶蛾幼蟲）危害的可靠存在，注意千萬別將這些卵塊驅除。

各種不同的寄生宿主

同樣是繭蜂類，也有專門寄生番茄夜蛾，或是專門寄生蝶蛾幼蟲等分別，寄生蜂們只在自己喜好的特定宿主產卵，避免競爭。當然，繭蜂只不過是自然界中許多寄生蜂的一種類型。在這裡介紹同樣活躍於田間的其他寄生蜂類吧。

【蚜繭蜂類】以蚜蟲的天敵聞名。蚜繭蜂也有很多種類，分別在偏好的蚜蟲種類上寄生。當蚜繭蜂的幼蟲將蚜蟲內臟啃食殆盡便會化蛹，之後破殼而出出現新成蟲。遭到蚜繭蜂寄生，木乃伊化的蚜蟲稱為「木乃伊蚜蟲」，在農業界會當作生物農藥販售。木

左邊有一隻分開的茶毒蛾（樹木的害蟲），已經被繭蜂寄生。

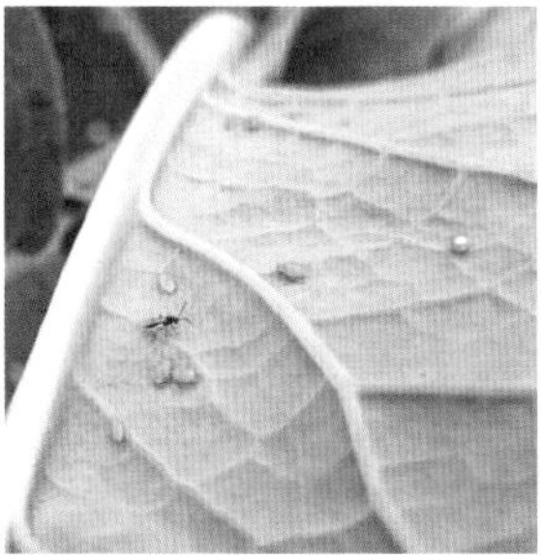

蚜繭蜂和蚜蟲。右側的白色圓形物，是已經被寄生成為木乃伊的蚜蟲。

乃伊蚜蟲較容易捕獲而且移動較緩慢，若發現後可加以活用。

【蚜小蜂類】寄生粉蝨類的蜂類。以生物農藥的形式在市面上販售的有麗蚜小蜂和粉蝨寄生蜂等。

【釉小蜂類（姬小蜂）】是在蔬菜葉片組織內產卵，使葉片出現條紋狀食痕的潛蠅類的天敵。能找出潛入葉片內側的潛蠅幼蟲，用細針從葉片上方刺下並產卵。以生物農藥形式販售的有潛蠅姬小蜂和華釉小蜂。

【跳小蜂類】會寄生於各種昆蟲的卵、幼蟲及蟲蛹上。也有寄生於瓢蟲的種類。會寄生於害蟲的茄二十八星瓢蟲，同時也會寄生在益蟲的瓢蟲上，所以千萬別將遭到跳小蜂寄生的瓢蟲蟲蛹帶到田間。寄生於蟲卵的種類當中，也有蝽象類的天敵……蝽象卵跳小蜂。

我深深感到想用人為方式控制這些寄生蜂，是非常困難的一件

蝽象的卵和寄生在蟲卵的蝽象卵跳小蜂。

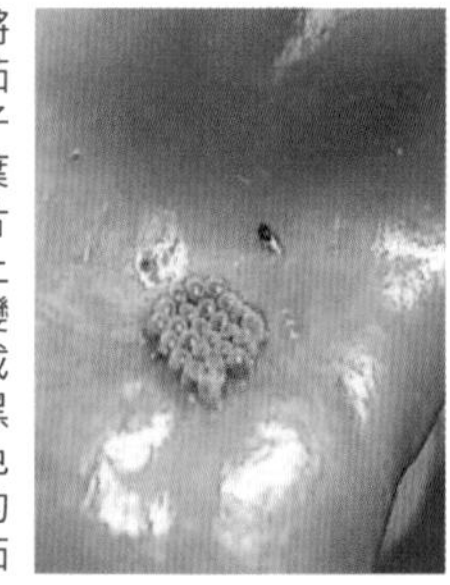

將茄子葉片上變成黑色的茄二十八星瓢蟲捏扁後，從內側出現十多隻寄生蜂。很有可能是一種跳小蜂（下一頁右圖）。

事。以跳小蜂為例，若將被寄生的茄二十八星瓢蟲蟲蛹，以人為方式移動至溫室的話，再次寄生於屬於益蟲的瓢蟲的危險性可能就非常大。

關於側溝繭蜂、菜蝶絨繭蜂和蚜繭蜂類，已得知這些寄生蜂能寄生於田間的害蟲，所以應該積極支援牠們的活動。訣竅就是將植株的間距拉開，使牠們能容易找到各自的寄主，打造出易於寄生的環境。另外，若發現1個（或是1群）側溝繭蜂或菜蝶絨繭蜂的蜂蛹時，建議暫時停止捕殺番茄夜蛾的幼蟲或是蝶蛾幼蟲，並且觀察之後的情況。這是為了避免捕殺已經寄生的寄生蜂。如果順利寄生的話，只要將驅除害蟲交給這些寄生蜂即可，若沒有順利寄生的話，就要頻繁巡視田間努力捕殺害蟲。

並非刻意控制發生，而是在可能的範圍內輔助牠們的活動……我想這就是人和寄生蜂的正確相處之道，也是田間理想的共生關係。

雖然回收了屬於益蟲的異色瓢蟲蟲蛹，但是發現遭到寄生所以停止回收。在移動瓢蟲的蟲蛹時，應該要仔細注意是否被寄生（參閱P31）。

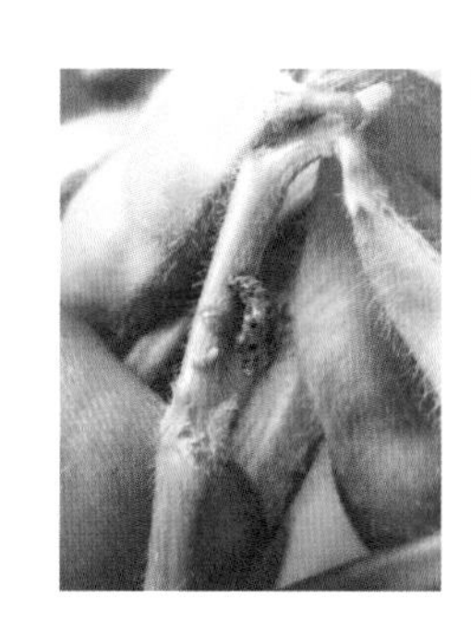

可靠的側溝繭蜂蜂蛹。

有效利用勇猛的螳螂

每到4～5月，田間便會有各式各樣的昆蟲現蹤，就好像在等待這一刻般，螳螂寶寶也會在這時候紛紛出現。於晚秋至冬季收集，並且放置於田間各處的螳螂卵囊（螵蛸），每到這時候幼蟲會同時孵化。每1個蟲卵孵化的幼蟲數量多達200～300隻。

從卵囊孵化出的幼蟲身體長僅有1．2～1．5公分左右，但是已經擁有螳螂的外觀。螳螂屬於不會經過蟲蛹階段，直接從幼蟲成長為成蟲的「不完全變態」昆蟲。身體的形狀幾乎不會改變，在重複脫皮的過程中成長，經過最後的脫皮終於成為擁有雙翅的成蟲樣貌。在這之後，已經成熟的雌成蟲會於夏末至秋季和雄蟲交配，並於晚秋產下卵囊結束一生。這就是螳螂的生命週期。

雖然在自然界中肉食性的昆蟲居多，不過螳螂卓越的攻擊力和勇猛性格，其他昆蟲都得望塵莫及。螳螂擁有倒三角形的頭部、捕獲獵物的巨大鐮刀等肉食性動物的象徵，只要繞轉能上下左右自由移動的

台灣大刀螳（大螳螂）的卵囊。

頸部，幾乎是360度無死角。巧妙地將身體同化成和枝葉相同的顏色混淆視線，以埋伏戰略捕獲獵物。佔了臉部一大部分的一對複眼不只是找尋捕食對象，還能併用位於額頭的第三隻單眼，確認鐮刀是否能捕捉到獵物，迅速偵測出和獵物的距離。

前面提到螳螂剛出生的外觀，這同時也意味著剛孵化後的螳螂就具備捕獲獵物的能力。再加上本身特性極為好戰。若發現螳螂寶寶時，不妨試著用指尖稍微逗弄看看。可以看到螳螂寶寶揮舞著小小的鐮刀，擺出帥氣的戰鬥姿勢。

螳螂的厲害之處，在於從出生到死亡的一生當中，會根據自己身體的大小而逐漸改變狩獵目標物。

螳螂寶寶的獵物是以蚜蟲、粉蝨、薊馬等非常小的害蟲們為主。脫皮後身體稍微大一點時，接著是將蠅類、食蟲虻、小型的蜂類當作獵物。轉變為成蟲後，像是夏季的蟬、蜻蜓，秋季的蚱蜢等，目標逐漸變成大型昆蟲，發揮出旺盛的食慾。像這樣隨著自己的體型增加，捕食獵物也逐漸變大的廣範圍食性，是其他肉食性昆蟲少見的特性。

螳螂的厲害之處不只有廣範圍的食性而已。其實螳螂在夜晚也會

從卵囊中大量冒出螳螂寶寶。

年幼的螳螂會捕食薊馬等小型害蟲。

活動。到了夜晚螳螂的那雙大複眼會變成黑色，提升收集光線的能力。藉由這雙複眼找出夜行性昆蟲的蹤影，再用鐮刀腳捕獲獵物大口啃食。和只能在明亮白晝活動的昆蟲獵人……蜂類相較之下，能發揮出不同的作用。說到夜晚活動的昆蟲，立刻就會聯想到會在蔬菜葉片產卵的蛾類，對於每天為蛾類幼蟲煩惱的農民而言，若螳螂能夠幫忙驅除飛來田間的蛾類害蟲，是多麼令人感激的一件事。

田間常見的4種螳螂

那麼螳螂是否能成為栽培蔬菜時的最佳保鑣呢？要判斷其實非常困難。因為螳螂捕食的時候不分害蟲或益蟲，因此也有棘手的一面。不過，從整體來看田間的生態系時，我認為必須要將螳螂當作栽培蔬菜時的夥伴。螳螂在眾多肉食性昆蟲的昆蟲界當中，是位於食物鏈的最上層，也因此能幫助維持容易失衡的「害蟲和益蟲的平衡」。所以希望螳螂能棲息在田間。而我所實踐的方法，就如同一開始提到的一樣，將螳螂的卵囊設置於農場各處。

連蜂類都成為捕食對象的大螳螂。

不論早晚都非常活躍。

在說明實施方法之前，首先介紹田間常見的螳螂種類。小川農場棲息著以下四種螳螂，分別為台灣大刀螳（大螳螂）、狹翅大刀螳、寬腹螳螂、棕靜螳。

日本大約有10種螳螂，台灣大刀螳和狹翅大刀螳是其中最大的大型種。成蟲的外觀非常相似，但是和狹翅大刀螳的綠色翅膀相較之下，台灣大刀螳則是呈現紫褐色的翅膀。另外，狹翅大刀螳的特徵是胸前（連接前腳的部分）呈現橘色而且胸部較長。

寬腹螳螂屬於中型的螳螂，外觀就如同名稱其腹部寬而且膨大，翅膀帶有1對白色紋路。棕靜螳的體型更小，前腳內側的黑色條狀外表令人印象深刻。

螳螂所產下的卵囊，也可以根據形狀和產下的位置來判斷是哪一種螳螂。台灣大刀螳的卵囊呈現圓形且膨潤的形狀，會在較高的雜草莖部或是灌木的枝條上產卵。

相較之下，狹翅大刀螳的卵囊則是呈現縱長型而且較薄，並且通常在樹木枝條或是建築物的牆面等產卵。另外，小而細長的棕靜螳其卵囊則大多附著在滾落地面的石頭或是地面附近的樹木根。此外，寬

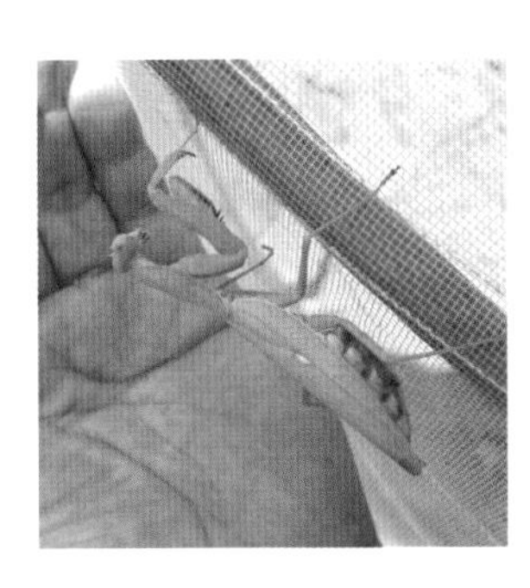

寬腹螳螂。

不知道是因為粗細度剛好還是因為表面凹凸不平，狹翅大刀螳總是喜歡在支架上產卵囊。

腹螳螂除了雜草莖部或是樹木枝條外，也會在人工建造物的牆面或是電線桿等位置產卵。卵囊偏硬，外觀為小小的黃綠色圓形。

將蟲卵炸彈裝在田間

在秋天整理田間蔬菜的殘渣時所發現的卵囊，幾乎都是台灣大刀螳的卵囊。台灣大刀螳只會在高度足夠的植物上產卵，如果找不到適合的地方，就會別無他法只好選擇在蔬菜的莖部產卵。

在我的田間經常能在蘆筍、秋葵、山麻等枯枝上發現台灣大刀螳的卵囊附著。所以在處理這些蔬菜的殘渣時會特別注意，一旦發現後連同枝條回收保護。同時也會對於來進行農活的實習生或兼職員工，請他們「在割草時若發現螳螂的蟲卵請保留下來」，所以每年都能收集大量的螳螂卵囊。

像這樣從田間回收的螳螂卵囊，我暗自稱之為「螳螂炸彈」。於隔年春天將這些卵囊設置於農場各處，孵化後的無數螳螂就會分散於田間，當個稱職的害蟲獵人。

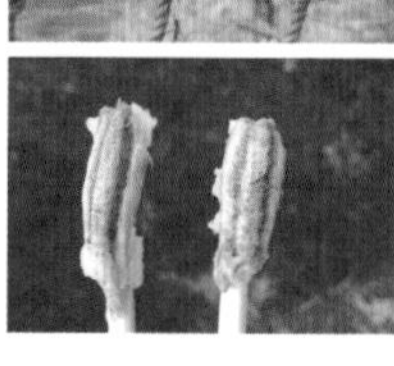

寬腹螳螂的卵囊（上）。狹翅大刀螳的卵囊（下）。

於秋冬季收集蔬菜殘渣中台灣大刀螳、狹翅大刀螳、寬腹螳螂的卵囊。估計大約有1萬隻。當然田間也有其他的卵囊。於早春設置於苗床。

不過，有關螳螂炸彈的保管和設置有幾個注意事項。

首先就是不要保管在溫暖的室內。若沒有保管於寒冷的場所，螳螂寶寶很快就會出生，這時候如果沒有能成為食物的昆蟲出現，便會開始自相殘殺，最後餓死。保管於寒冷的場所後，可視害蟲發生的情況，於適當的時期設置卵囊。溫室的話建議在2～3月，而露地的田間則是建議在4～5月設置。

接著是設置場所，卵囊不建議設置於太低的位置。因為太接近地面，剛孵化時會有遭到螞蟻或蜘蛛攻擊的危險。若田間設有作業用的台桌時，可將卵囊放在桌面上即可，或是將木樁插在地面，再用膠帶將附著卵囊的枝條固定於木樁。

只要遵守這兩個原則，螳螂炸彈的準備工作就已經完成。這是誰都能進行，而且非常簡單的天敵有效活用方法，所以發現螳螂的卵囊時可加以保護，家庭菜園也絕對要試看看這個方法。

試著將卵囊放在室內保存，結果因為太溫暖而孵化，戰略失敗。甚至還有在車子內孵化的糟糕經驗。

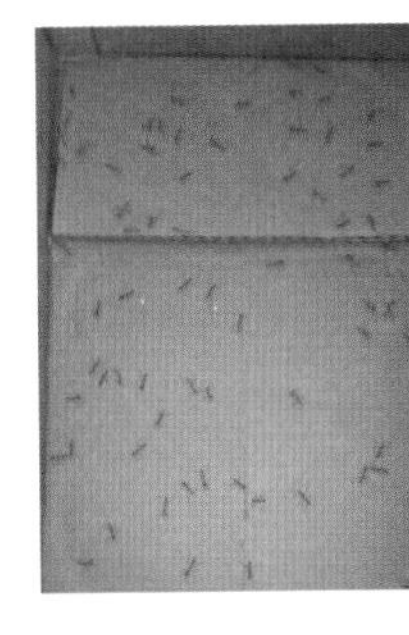

將螳螂炸彈設置在草莓田間。

打掃達人・螞蟻到底是敵是友？

不論是哪個田間都一定會出現，而且蹤影無所不在，卻幾乎不會受到注意的蟲類，那就是螞蟻。也許不會啃食蔬菜的葉片或果實等，不會直接造成危害這點，是較少受到關注的原因。不過，說到螞蟻對於農業而言是否為無害的生物，其實是個非常令人困擾的存在。尤其是像我一樣，對於「藉由天敵昆蟲的力量來減輕害蟲危害」這種理念的農家而言，螞蟻是和益蟲……瓢蟲敵對的「麻煩的昆蟲」。

螞蟻就像人類養育家畜一樣，具有攝取從蚜蟲屁股排出甘露（含有糖份的排泄物）的習性。獲得甘甜汁液的螞蟻，則會幫忙擊退攻擊蚜蟲的瓢蟲，取而代之擔任保鑣的職責。也就是所謂的《共生關係》。

而這些螞蟻們曾經大量出現在青椒的溫室內。實際觀察生存在蚜蟲群中的螞蟻和瓢蟲的對立關係後，發現螞蟻的攻擊非常頑固。會

攻擊長腳蜂蜂巢的螞蟻。若女王蜂為了狩獵而離開蜂巢時，幼蟲就會遭到螞蟻集團攻擊而全滅。也因此大部分的長腳蜂都會在較高的位置築巢。

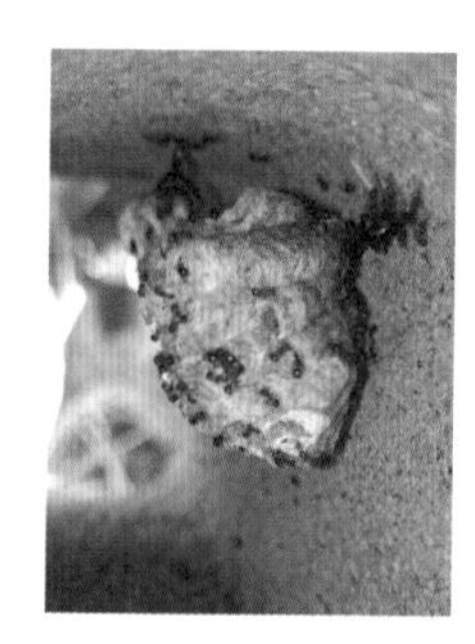

和蚜蟲具有共生關係，所以會幫忙趕跑蚜蟲的天敵……瓢蟲。也許是因為這樣，後斑小瓢蟲的幼蟲擬態成和粉介殼蟲極為相似的白色刺棘狀外觀。

集團攻擊想要捕食蚜蟲的瓢蟲，狠狠咬住不放，最後只好逼得瓢蟲離開。

經過調查後在溫室角落較硬的地面上，找到螞蟻進出的小洞。螞蟻巢似乎正好位於和溫室隔開的拉門正下方。想將螞蟻驅除但又不想使用殺蟲劑，所以我所用的方法就是將煮沸的熱水注入螞蟻洞中。

在這之前曾出現過小小的前哨戰。

過去用耕耘機耕耘番茄苗場的時候，曾出現過螞蟻窩。由於螞蟻窩的洞穴往地下深處擴展，所以無法藉由耕耘作業完全破壞。擔心的同時在定植番茄後，發現位於蟻窩附近的番茄苗遭到螞蟻啃食而枯萎了。螞蟻會啃食苗株？最初還覺得很不可思議，最後我才注意到，「螞蟻並不是在啃食，讓苗株枯萎才是最終目的」。對於螞蟻而言，番茄苗生長後會將根部往地下延伸，好不容易修復的蟻窩就會有遭到威脅的可能性。《敵人》總是聰明伶俐。

這時候我的對策就是熱水攻擊。從結論開始說，這個作戰因為會傷害到番茄根部而中止，將苗株移到其他位置栽種，但是卻將這時候的戰略應用在青椒的溫室。

用熱水對付蟻窩。

也有會啃食幼苗莖的小型草食性螞蟻。

如今回想起來，我提著熱水壺從家中到溫室不斷往返的樣子應該很滑稽吧。後來才發現而且改變了方法，其實用水管的水攻擊法就很有效。因為是平常不會淋到雨的位置，所以當蟻窩突然湧入大量的水時，螞蟻們便會陷入恐慌。將淹死在蟻窩中的同伴死骸陸續搬運至外面。在看到如此情景時，我突然靈光一現。就算無法完全殲滅巢穴，只要增加螞蟻們其他的工作，讓牠們忙碌到無法照顧蚜蟲就好。

讓螞蟻不再當蚜蟲保鑣的方法

螞蟻和蜜蜂及虎頭蜂一樣，是會結成具有階級的集團，並且在當中進行分工合作的「社會性昆蟲」。螞蟻的蟻群（colony）是由專門產卵的一隻女王蟻和其他眾多工蟻所構成。雖然簡單說是工蟻，也有在蟻窩負責照顧剛出生幼蟲或蟲蛹的螞蟻、負責擴張蟻窩和打掃的螞蟻，或是為了幫忙運送女王蟻和幼蟲食物，到地面出門工作的螞蟻等，每個職責都分得非常詳細。

守護蚜蟲的螞蟻是屬於出門工作部隊的工蟻，而這個部隊的行為

在白天移動時成為螞蟻食物的黃地老虎（切根蟲）。這也是螞蟻的益處。

原理，就是養育蟻窩中的女王蟻和蟲卵，使牠們能生下存下去。因此我想若女王蟻們所居住的蟻窩遭到威脅，這些甚至會啃食幼苗使其枯萎的工蟻們，也許就會丟下蚜蟲們跑去守護蟻窩……。我的原則是如果此方法值得一試，就會立刻付諸行動。

在那之後，用水攻擊蟻窩成為每天的例行公事。另外，也在溫室外側找到另外一個我認為彼此相連的蟻窩（出入口），每當路過時就會用腳踩踏努力塞住洞穴。這時候螞蟻就會進行蟻窩的維修或是將死骸搬出等，逐漸增加螞蟻的工作。當螞蟻忙碌於其他的工作時，瓢蟲或食蚜蠅就能夠捕食蚜蟲的幼蟲，這就是我的作戰計劃。

這個作戰展現了功效，附著在蚜蟲周圍的螞蟻數量愈來愈少，瓢蟲們又回來繼續捕食。因為沒有螞蟻了，所以能安心產卵，孵化後的幼蟲們也能大口享用蚜蟲。

像這樣站在螞蟻的立場思考，腦中就能乍現之前完全想不到的害蟲對策智慧。實際嘗試若出現效果後，就繼續實施此方法即可。雖然也有可能失敗，但是出現效果時的喜悅不可言喻。所以我才說和昆蟲們的相處非常有趣，而且令人上癮。

正在搬運金龜子幼蟲的螞蟻。明明潛入土壤中就不會被攻擊，不知道為何跑出來地面上（右）。將蔬菜象鼻蟲搬回蟻窩。也會努力當個好的益蟲（左）。

放大檢視螞蟻、蚜蟲和瓢蟲的三角關係，並且說明了螞蟻令人困擾的習性，不過在另一方面，螞蟻這種昆蟲也能為田間帶來好處。

螞蟻也能夠徹底巡繞田間，並且找出蔬菜的大敵……蝶蛾幼蟲，將其帶回蟻窩中，或是將昆蟲及蚯蚓的死骸清理乾淨，當一位盡責的田間清潔家。對於農家而言時而困擾，時而感激的螞蟻們的行為，為昆蟲無法簡單區分「害蟲」或是「益蟲」這個觀點，做了最好的詮釋。

螞蟻和鼠婦（土鱉）是專門處理昆蟲死骸的田間清潔家。

後記・打造出昆蟲聚集的田間

利用新的天敵「蛙類上陸作戰」

從去年（2017）的春天開始，我正在實施新的天敵活用戰術。不過，這次的天敵並非昆蟲，而是蟾蜍。

目前已得知蟾蜍到了夜晚會開始活動，在地面上不斷徘徊，捕食黑暗中蠕動的夜行性昆蟲們。在某個學者的研究中將蟾蜍捕獲解剖後，發現肚子內竟然有多達約200隻的夜盜蟲。

這也許能派上用場！

因此我想到了以人為方式飼養蟾蜍，並且讓牠們捕食夜盜蟲的作戰，並取名為「蛙類上陸作戰」。

之前小川農場也曾棲息著大量的蟾蜍，但是最近幾乎不見蹤影。原因有可能是因為作為繁殖場所的積水處消失的關係，所以同時也希望能讓原本棲息在田間的蟾蜍再次回來，恢復過去的田間生態系。

在培育蔬菜苗的溫室中，並列著放入蝌蚪的保麗龍箱。

第一次捕獲的蛙卵大約有5000顆。是從附近認識的水稻田拿來的蟾蜍和赤蛙卵。

首先，在溫室內放置了約20箱保麗龍箱，接著放入水和蛙卵，製作簡單的水池。從蛙卵歷經蝌蚪，最後終於成為青蛙或蟾蜍的時候，同時會注意盡量打造出接近大自然的環境，以便蛙類能夠順利上陸地。

雖然5000隻是非常可觀的數量，不過因為是第一次飼養蛙類，也出現了蟾蜍卵沒有孵化就死亡、赤蛙的蝌蚪轉變為肺呼吸時無法順利上陸而淹死等許多無法預期的事情，大約有一半左右在上陸之前就已經死亡。就算順利上陸，也出現過在田間進行農活時不小心踏死的經驗。順利生長遍佈於溫室外的青蛙和蟾蜍們，還有可能被天敵……蛇類吃掉，所以被淘汰的數量估計非常多。

在開始「蛙類上陸作戰」一年後的今年春天，我在產卵場所的新設置水域中，發現蟾蜍和赤蛙的繁殖行為。這代表放養於田間的蛙類們平安無事的活著回來了。

關於夜盜蟲的部分雖然還沒有明顯的成效，不過仍會繼續仔細觀

在一整年當中都會栽培蔬菜，所以將其中一棟溫室當作苗床專用，培育各式各樣的蔬菜苗。於2017年在這個溫室內孵化赤蛙和蟾蜍的蛙卵。當然其中也有被鳥或是蛇吃掉，不過比起完全的自然環境，成長數量還算是多。到了夏季刻意讓溫室內的雜草生長，提供剛孵化的許多小青蛙們生長環境。

察田間的生態系變化。也許以人為方式增加蛙類數量，會暫時破壞田間的生態系平衡，不過我想漸漸穩定後，應該會有一些好的成果，所以期待往後的發展。

其實這個作戰讓我有了更進一步的新想法。並不是在青蛙的產卵期準備暫時的水域，而是在農場的一隅打造出永久存在的水域，如此一來除了青蛙之外，也許還能吸引其他棲息在水邊的生物前來。

由田間而生的地方生物多樣性

去年小川農場出現了新臉孔的蜻蜓。是尾巴前端帶有像是扇子般敞開突起物的細鉤春蜓。經調查後發現，這種蜻蜓主要棲息在沼澤、積水池等沒有水流的大規模水域附近。離小川農場最近的手賀沼，有5公里以上的距離，距離從那裡分出的支流約有3公里，而最近的灌溉用水渠也有1公里以上的距離。細鉤春蜓是從哪個水域經過哪個路線來到我的田間，目前還是個謎，不過因為是第一次出現在小川農場，所以心想「如果再努力一點，也許能打造出比現在更多生物棲息

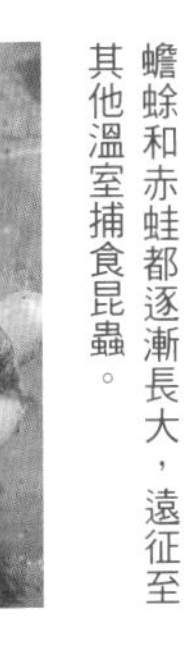

蟾蜍和赤蛙都逐漸長大，遠征至其他溫室捕食昆蟲。

的農場」，是非常令人期待的相遇。

屬於肉食性昆蟲的蜻蜓類，能幫助調整容易失衡的「害蟲及益蟲數量平衡」，所以是希望能來訪田間的昆蟲。經常造訪小川農場的常客有無霸勾蜓、白尾灰蜻，以及褐頂赤蜻等。在這當中無霸勾蜓是在湧泉繁殖的蜻蜓。一邊進行農活的同時，在我參與的地區湧泉水調查中，確認了無霸勾蜓的水蠆（蜻蜓幼蟲）的棲息處就是在那裡。

在都市近郊的自然環境中，原本的樹林或是河川逐漸被住宅地取代，變成生物難以生存下去的環境。在這當中，無農藥且栽培多種類蔬菜的小川農場，成為同時聚集益蟲及害蟲等各種昆蟲的生物樂園。若在其中加入「水域」，想必能成為蜻蜓和青蛙等水邊生物最佳的棲息地，發展出更加多元豐富的田間生態系。

因為這樣的想法，目前小川農場正在進行打造數個水池的計畫。並不是像庭院中那樣只是單純的水池。在這之前每當下大雨時，田間的土壤會和蔬菜一起流失而出現危害，所以計畫打造的是田間降下大量雨水時，能順利排水，調整土壤含水量的蓄水池（調整池）。原本田間應該是能將雨水儲蓄成地下水的重要裝置。若能反過來活用讓農

一般的稻作農業在冬天會使水稻田的水乾涸，或是水渠是由混凝土固定而成，因此青蛙的數量急遽減少。在我的農場開始製作能讓水滲透至地下的水池，不過沒有湧泉水是最大的難題。在農場各處打造了10個水池，並且預計栽種鴨兒芹、西洋菜及水芹等。

家困擾的大雨，順利排水，並且將儲存的雨水運用於農業的話，將會是很好的先例，而且農用調整池如果能成為水邊生物的棲息地，可謂是「一石二鳥」。夢想著就算哪天我不在人世，只要能留下青蛙及蜻蜓居住的環境就好。

若能打造出能讓各式各樣生物聚集、棲息的田間，並且以人為的方式保持平衡，最後對於「地方的生物多樣性」有所幫助的話，沒有比這更開心的事了。

昆蟲聚集的田間，對於人類而言也是潛藏著無限可能性的樂園。

在這之前每年大概將作物輪替2～3次定植，不過在2018年預定多輪替1次。在閒置的農地依序栽種新的蔬菜苗，打造出像是拼圖般的田間。之前的苗床溫室每到新年（1月初）就會變得空曠，不過現在排列著2萬株苗。

我對於地方的熱愛情感

我所栽種蔬菜的販售對象幾乎都是在千葉縣柏市內，因此和地方的連結非常重要。我也會以各種形式參加當地的活動。

舉例來說，像是在小學演講、接受學生的職業體驗、在民間主辦的體驗農園當老師、經由地方行政轉介捕獲虎頭蜂巢、參加室內的生態區（多樣生物棲息的空間）保育活動等……。

希望能透過這些活動和我的本業……栽培及販售蔬菜，提高當地人們對於蔬菜、農業、飲食以及昆蟲的關心，實際上柏市內關注這些的人也逐漸增加。

最棒的是柏市的餐飲店整體品質非常高，就算每天晚上出門小酌，也不用煩惱找不到美味的店！

體驗農園的參加者都會鍛鍊出一雙《蟲眼》，也就是找出昆蟲的能力。

光是番茄就栽培了約20種品種。若拍得好看的話會上傳臉書。

每種蔬菜的吃法和雜學都已經記在腦海中。

蛇瓜等稀奇的蔬菜在販售時都會加以說明。

第3章

田間的昆蟲圖鑑

田間的昆蟲圖鑑閱讀方式

此圖鑑為棲息在小川農場田間的主要昆蟲圖鑑。雖然其中有讓人安心，也有讓人困擾的種類，不過盡量別區分成「益蟲」或「害蟲」，請將重點放在每種蟲類的特性上。若和第2章一起閱讀，想必能理解如何活用昆蟲打造菜園的方法。

【～類】
在本書中大致上的種類區別。和學術分類有所不同。

【名稱】
昆蟲及其他生物的名稱。

【貢獻度、困擾度】
當此蟲類出現在田間時，對於栽培蔬菜的影響。「貢獻度」的標示愈多代表愈好，而「困擾度」的標示愈多則代表不好。也有兩種標示兼具的蟲類。

【出現時期】
此蟲類在田間大量出現的時期。

【體長等】
大小、形狀、斑紋等特徵。

【作用】【危害】
在栽培蔬菜或是田間生態系的範圍內，每種蟲類的作用或是帶來的危害。

【如何相處】
驅除或是加以保護等，發現此昆蟲時的對應方法。

【照片】
幼蟲、成蟲時期，或是啃食痕跡、卵、巢穴等照片。

※昆蟲的出現時期或是處理方式等，皆以千葉縣柏市的小川農場為基準。

瓢蟲類

異色瓢蟲

【出現時期】3～11月

【體長等】成蟲為7～8毫米。黑底帶有紅或黃斑蚊，或是紅底帶有黑色斑蚊等，顏色和斑點數量變化豐富。

【作用】幼蟲和成蟲除了捕食蚜蟲外，也會捕食危害蔬菜的夜盜蛾等蛾卵，以及危害果樹的介殼蟲類等。

【如何相處】有蚜蟲的地方就會自然出現。會幫忙捕食各種類的蚜蟲，建議記住幼蟲的特徵，發現後加以保護。

〈參閱P20～等〉

貢獻度 👍👍👍

困擾度

成蟲（上）、幼蟲（右下）、蟲蛹（左下）

瓢蟲類

七星瓢蟲

【出現時期】4～6月、9～10月

【體長等】成蟲約8毫米。比異色瓢蟲稍大，共有7個黑色斑點。

【作用】幼蟲和成蟲都會捕食蚜蟲類。雖然出現數量比異色瓢蟲少，不過食慾旺盛，能幫忙捕食各種類的蚜蟲。

【如何相處】和異色瓢蟲相同。

〈參閱P20～等〉

貢獻度 👍👍

困擾度

成蟲(左)、幼蟲(右)

瓢蟲類

黃瓢蟲（柯氏素菌瓢蟲）

【發生時期】5～11月

【體長等】成蟲為小型瓢蟲，體長約3．5～5毫米，鮮黃色的翅膀極為醒目。幼蟲為乳白色底帶有黑褐色斑紋，腳非常細長。

【作用】幼蟲和成蟲都能幫忙捕食發生於蔬菜葉片、小黃瓜和茄子的白粉病病菌。

【如何相處】會出現在發生白粉病狀的蔬菜上。不過就算能捕食病原菌的表面，卻無法捕食潛入葉片內的菌根，所以無法幫助根絕病害。「有了牠比較安心」以這樣的心態小心守護即可。

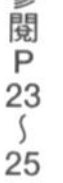

〈參閱P23～25〉

貢獻度

困擾度

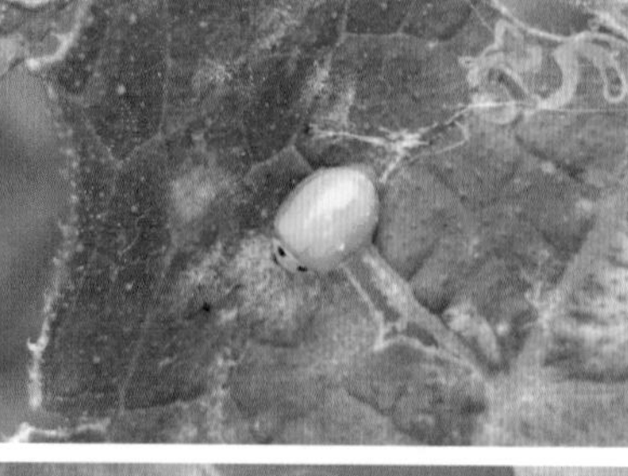

成蟲(上)、蟲蛹(下)

瓢蟲類

龜紋瓢蟲

【出現時期】4～7月

【體長等】成蟲為3～6毫米。屬於中型瓢蟲，橘色底帶有黑色的斑紋，其中包含了龜甲型、四紋型、二紋型等，斑紋變化豐富。也有不帶斑紋的個體。幼蟲會生長至6～8毫米，帶有較長的前腳。

【作用】幼蟲和成蟲都會捕食蚜蟲。尤其偏好捕食馬鈴薯蚜。

【如何相處】常見於玉米、蠶豆、青椒的葉片上。會利用長長的前腳壓住蚜蟲的幼蟲將其捕食。發現後應小心保護。

〈參閱P20～等〉

貢獻度

困擾度

瓢蟲類

後斑小瓢蟲

【出現時期】4～10月

【體長等】成蟲約2毫米，屬於小型瓢蟲，體色呈現暗黑色。幼蟲身體包覆著一層白色蠟質，外觀酷似粉介殼蟲。

【作用】幼蟲和成蟲都會捕食蚜蟲。尤其偏好捕食附著在茄子及芋頭葉的蚜蟲。

【如何相處】注意別誤認為粉介殼蟲而將其捕殺。若出現在蚜蟲發生的位置時，很有可能就是後斑小瓢蟲的幼蟲。另外，介殼蟲幾乎不會移動，而後斑小瓢蟲幼蟲的活動較為活潑，可藉由此點來區別。

〈參閱P27、78〉

貢獻度

困擾度

成蟲（上），擬態成粉介殼蟲的幼蟲（下）

瓢蟲類

六條瓢蟲

【出現時期】5～8月

【體長等】成蟲約4～7毫米。比異色瓢蟲稍微小一點，光澤的黑底帶有紅色斑紋。斑紋的形狀非常多種類。幼蟲約為4毫米左右，擁有黑色的長腳。

【作用】幼蟲和成蟲都會捕食蚜蟲。

【如何相處】和異色瓢蟲相同。

〈參閱P22～25〉

貢獻度

困擾度

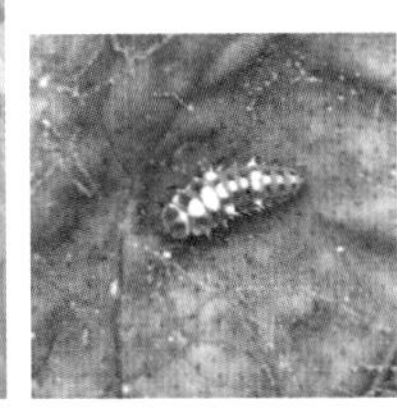

黑底紅色斑紋的成蟲（左）以及幼蟲（右）

瓢蟲類

茄二十八星瓢蟲

【出現時期】4～9月

【體長等】成蟲約7毫米。帶有短毛而且沒有光澤的翅膀，在暗沈的橘色底帶有28個黑色斑點。幼蟲身體覆蓋著刺棘般的突起。

【危害】是有害瓢蟲的代表。幼蟲和成蟲都會對於茄子、馬鈴薯等茄科蔬菜的葉片和果實造成食害。

【如何相處】發現乳白色的卵塊後應連同葉片去除。另外，如果在葉片發現條碼狀的食痕，葉背有可能附著著幼蟲或是成蟲。發現後立刻捕殺。二十八星瓢蟲也是相同方法處理。

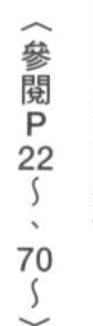

〈參閱P22～、70～〉

貢獻度

困擾度

成蟲（上）為短毛，幼蟲的特徵則佈滿棘狀物

蚜蟲類

棉蚜

【出現時期】2～10月（夏季較少）

【體長等】成蟲為1.2～1.7毫米。體色為綠色、黃色、黑色等變化豐富。也會出現有翅型個體。

【危害】幼蟲和成蟲都會結成群體，吸食植物的汁液。在田間的危害遍及所有蔬菜。也會成為嵌紋病等病毒媒介。排泄物有可能會造成煙煤病。

【如何相處】天敵非常多，所以經常就算出現也很快就會消失。作物過於茂盛容易發生，應摘除多餘的枝葉，促進通風，除了能預防也可以引誘天敵前來。

〈參閱P32、121〉

貢獻度

困擾度

綠色的幼蟲和黑色的成蟲

蚜蟲類

桃蚜

【出現時期】2～10月（夏季較少）

【體長等】成蟲為1．8～2毫米（無翅型雌蟲）。體色有紅色、紅褐色、綠色及黃色等種類多樣。也會出現有翅型個體。

【危害】和棉蚜相同。

【如何相處】和棉蚜相同。

〈參閱P32～34、121〉

貢獻度

困擾度

蚜蟲類

黑豆蚜

【出現時期】3～11月

【體長等】1．5～2毫米。暗黑色且帶有光澤。

【危害】主要吸食蠶豆、豌豆莢等豆科蔬菜的汁液。

【如何相處】和棉蚜相同。

〈參閱P34〉

貢獻度

困擾度

蚜蟲類

豌豆蚜

【出現時期】4～11月

【體長等】成蟲為4毫米左右，在蚜蟲中屬於較大型種。身體呈現黃綠色，腳狀管較細長。

【危害】主要吸食豌豆莢、蠶豆等豆科蔬菜的汁液。

【如何相處】和棉蚜相同。〈參閱P34〉

貢獻度

困擾度

蚜蟲類

偽菜蚜

【出現時期】4～11月（夏季較少）

【體長等】成蟲約2毫米左右。身體為黑綠色～黃綠色，覆蓋著一層薄薄的蠟質白粉。

【危害】只對於白蘿蔔、蕪菁等十字花科蔬菜造成食害。也會造成嵌紋病或煙煤病。

【如何相處】和棉蚜相同。〈參閱P34〉

貢獻度

困擾度

蚜蟲類

白尾紅蚜

【出現時期】2～5月（夏季較少）
【體長等】成蟲約2毫米左右。身體為紅～黑色，腳為黑色。
【危害】容易出現在萵苣上，在秋至冬季密植尤其容易大量發生。
【如何相處】和棉蚜相同。

貢獻度
困擾度

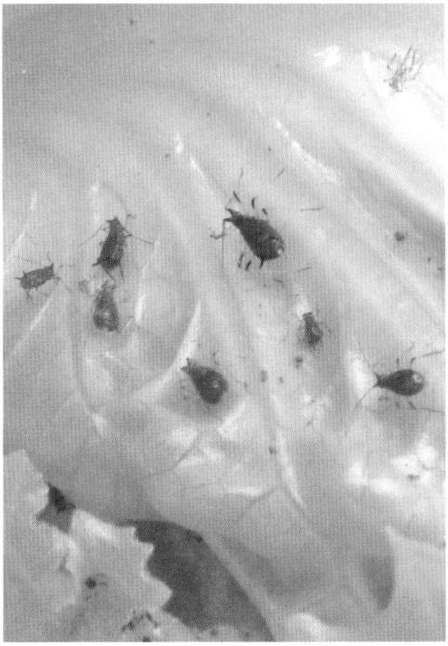

粉蝨類

溫室粉蝨

【出現時期】4～10月（在溫室內冬季也會發生）
【體長等】成蟲約1毫米左右，擁有白色細長翅膀的幼蟲為淡黃綠色。
【危害】會吸食番茄、茄子、青椒、四季豆等各種蔬菜葉片的汁液，妨礙生長。出現週期非常短，如同其名溫室內在冬季也會出現。會成為病毒病的媒介，排泄物也會引起煙煤病害。
【如何相處】通常寄生於葉背。在戶外天敵非常多，所以通常發生蟲害很快就會消失。在沒有天敵的溫室內，應鋪設銀色塑膠布防止蟲害。

〈參閱P70、98〉

貢獻度
困擾度

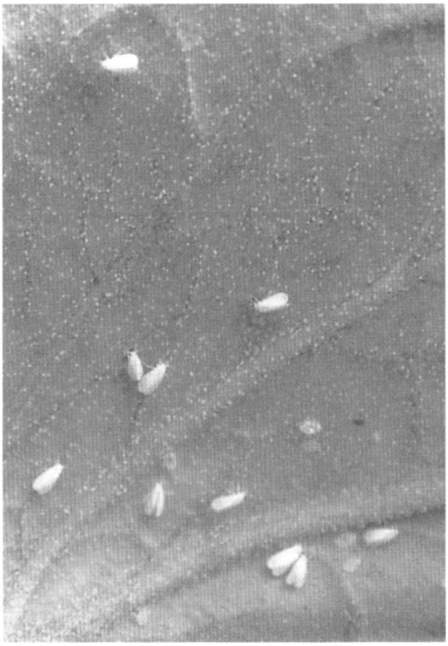

虎甲蟲類

星斑虎甲

【出現時期】6～8月

【體長等】8毫米左右。

【危害】是會捕食螞蟻及蚯蚓的昆蟲，無法區分是益蟲或害蟲。另一方面，虎甲蟲也會對於豆科或茄科蔬菜造成食害。

【如何相處】不會造成太大的影響，所以可放任不管。

貢獻度
困擾度

薊馬類

南黃薊馬

【出現時期】4～10月（巔峰期為7～8月）

【體長等】成蟲的體長為1．3毫米左右。成蟲和幼蟲整體都呈現黃色，但是成蟲的翅膀帶有黑色的長毛。

【危害】幼蟲和成蟲都會食害小黃瓜、哈密瓜、西瓜、茄子、青椒、番茄、草莓等各種蔬菜。吸食新芽的養分，使植株長出畸形葉片。遭到食害的葉片會出現白色斑點。茄子或青椒的果實則是會出現條狀傷痕。

【如何相處】不過，由於薊馬類尺寸小到用肉眼難以察覺，所以捕殺非常困難。可藉由小黑花蝽象、小植綏蟎等天敵捕殺。

（參閱P70、98）

貢獻度
困擾度

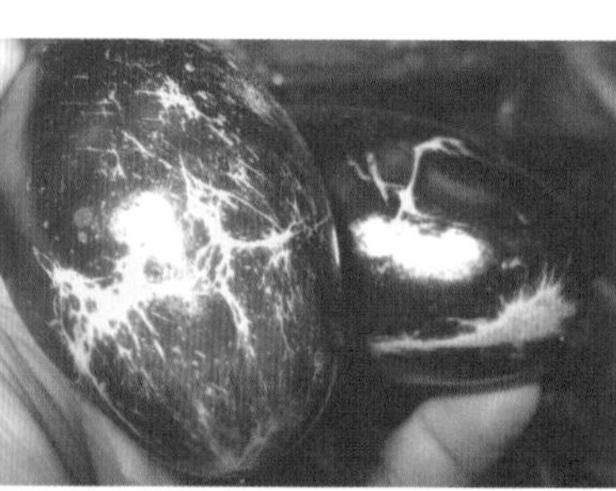

遭到食害的茄子（上）和小番茄（下）

薊馬類

蔥薊馬

【出現時期】3～11月（巔峰期為夏季）

【體長等】成蟲約1～1．5毫米，體色從淡黃色～黑褐色都有，差異非常大。幼蟲也是一樣。

【危害】幼蟲和成蟲主要都是對於蔥類造成食害。吸食生長中葉片表面的汁液，使葉片白化。也會成為病毒病害的媒介。

【如何相處】和南黃薊馬相同。薊馬類喜愛紅色及黃色，可以設置這些顏色的黏蟲膠帶在田間。

貢獻度

困擾度

遭到食害的蔥。薊馬的別名為跳仔

介殼蟲類

角蠟介殼蟲

【出現時期】6～7月（幼蟲）

【體長等】成蟲為4～5毫米。身體覆蓋著硬質的蠟質。

【危害】幼蟲和成蟲都會對於藍莓、柿子等許多果樹造成危害。從樹皮吸食養份，妨礙果實發育。一旦發生角蠟介殼蟲害時，幾乎都會出現煙煤病。近緣種的紅蠟介殼蟲也是一樣。

【如何相處】發現後可用牙刷等刷落。如果被強勁的天敵……軟蚧扁角跳小蜂寄生後，身體會變得暗沉，黑化後的個體不需驅除，可加以保護。〈參閱P24、27〉

貢獻度

困擾度

花虻類

食蚜蠅類

【出現時期】3～11月

【體長等】成蟲約8～10毫米。年輕幼蟲呈白色透明狀，和蛆非常相似。

【作用】幼蟲旺盛捕食蚜蟲生長，而以花粉為食的成蟲則是幫忙授粉。活動期間長，從早春至晚秋都很活躍。

【如何相處】蛆狀的年輕幼蟲容易被誤認為害蟲而遭到驅除。應小心保護，讓幼蟲能幫忙捕食大量蚜蟲。

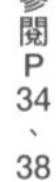
〈參閱P34、38〉

貢獻度

困擾度

成蟲（左）和幼蟲（下）

草蛉類

普通草蛉

【出現時期】4～10月

【體長等】成蟲約10毫米左右。與有略帶透明的綠色翅膀。幼蟲為8～11毫米，帶有尖銳的下顎。

【作用】幼蟲時代為肉食性。會捕食蚜蟲、葉蟎、薊馬及蛾類的蟲卵等。

【如何相處】若發現和「優曇婆羅花」極為相似的草蛉蟲卵時，應小心加以保護。

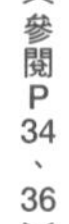
〈參閱P34、36〉

貢獻度

困擾度

成蟲（左）和蟲卵（右）

蛾類

夜盜蛾（夜盜蟲）

【出現時期】4～6月、9月下旬～11月。

【體長等】成蟲約1．5～4公分。年輕幼蟲為黃綠色，不過成長後會呈現褐色。

【危害】屬於雜食性，食害葉菜類、果菜類、根菜類等所有蔬菜的葉片。幼齡幼蟲為日行性，熟齡幼蟲則為夜行性，白天隱藏在土壤中。

【如何相處】最大的關鍵在於驅除成長為夜行性前的幼齡幼蟲。一旦發現遭到啃食成網狀的葉片食痕時，應將葉背的幼蟲連同葉子一併驅除。藉由防蟲網預防成蟲入侵也很有效果。

〈參閱P39～、56～〉

貢獻度
困擾度

幼蟲（上）、剛孵化的幼蟲（左下）、正在產卵的成蟲（右下）

蛾類

斜紋夜盜蛾

【出現時期】4～6月、8～11月。秋季過後為出現的巔峰期。

【體長等】成蟲約18毫米。幼蟲為茶褐色，成熟後帶有黑色斑紋。

【危害】和夜盜蟲一樣，幼蟲會食害各種蔬菜的葉片。黃豆或是豌豆等豆科作物的危害尤其嚴重。危害加重時葉片會呈現殘破的坑洞狀態。

【如何相處】和夜盜同相同。

〈參閱P39、40〉

貢獻度
困擾度

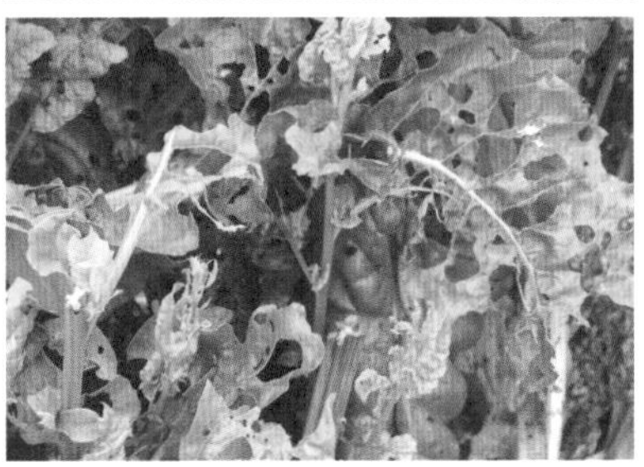

成蟲(上)和食痕(左下)

蛾類

甜菜夜蛾

【出現時期】6~11月

【體長等】成蟲約12毫米。熟齡幼蟲約為25毫米左右，比夜盜蛾的幼蟲稍微小一點。幼齡、中齡幼蟲的體色為黃綠色或是綠色，而熟齡幼蟲則是呈現綠~黑褐色，變異較大，大多帶有粉色的斑紋。

【危害】屬於雜食性，是為人熟知的園藝植物害蟲，近年來對於蔥類造成的危害也很嚴重。剛孵化的幼蟲會進入葉片內啃食，從內部至表面留下食痕，因此會使蔥的葉片呈現薄網狀。

【如何相處】和夜盜蛾相同。

〈參閱P39〉

貢獻度

困擾度

幼蟲（上）和成蟲（下）

蛾類

小菜蛾

【出現時期】4~7月、9~11月

【體長等】成蟲約為6~7・5毫米。幼蟲最大為10毫米左右。

【危害】幼蟲會食害十字花科的蔬菜。甚至會將葉片啃食殆盡，只留下葉脈。若高麗菜等中心的芯葉遭到啃食，就會無法結球。花椰菜等會遭到多數幼蟲啃食花蕾，造成嚴重的危害。

【如何相處】覆蓋防蟲網避免成蟲入侵。一旦發生後，應找出葉片呈現薄網狀的食痕，並進行早期捕殺。也可以在植株基部鋪設乾稻草等，打造出有利於步行蟲或是步行性蜘蛛等天敵的棲息環境。

〈參閱P39、138〉

貢獻度

困擾度

蛾類

番茄夜蛾

【出現時期】6～10月

【體長等】成蟲約15毫米。幼蟲的體色為綠～紅褐色，個體差異較大。身體整體帶有黑色斑點為其特徵。

【危害】幼蟲會入侵青椒、茄子、番茄等果實及莖部，以及玉米的莖部啃食。

【如何相處】當果實或莖部遭到啃食會非常麻煩，所以重點在於找出葉片的小孔，於危害的初期階段進行防治。在入侵莖部或果實前找到幼蟲，加以捕殺。去除遭到危害的果實，將果實內的幼蟲連同果實一起處理。〈參閱P67～70〉

貢獻度

困擾度

入侵果實造成食害（下）

蛾類

雙線斜紋天蛾

【出現時期】5～8月

【體長等】成蟲約30毫米左右。幼蟲具有像是蛇般的長胸部，鮮豔的圓點圖樣為其特徵。尾部帶有一根突起。體色為綠～黑褐色，變化豐富。成熟的幼蟲體長可達7～8公分。

【危害】幼蟲會食害芋頭類的葉片。

【如何相處】在苗株仍小的時候若葉片遭到啃食，會無法順利長出芋頭，所以初期危害的防治非常重要。一旦發現立刻捕殺。當葉片已經生長至充分大小時，發現後放任不管也無妨。

貢獻度

困擾度

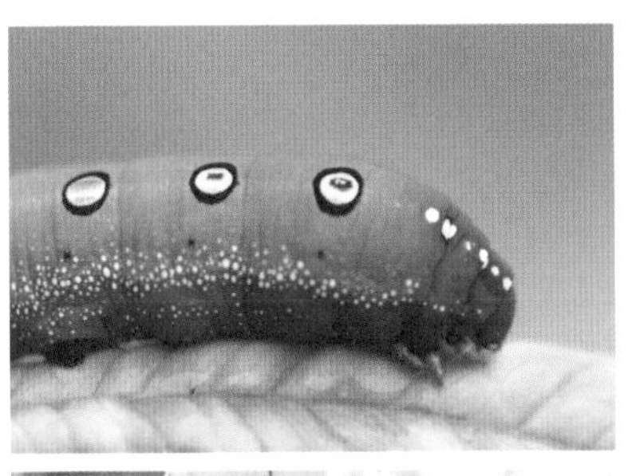

幼蟲（上）、成蟲（下）

蛾類

白薯天蛾

【出現時期】7～10月

【體長等】成蟲約4公分左右。幼蟲的體色從綠～黑褐色都有，變化豐富，有鋸齒形和點狀斑紋。尾部帶有1根突起，成長後體長可達7～8公分。

【危害】幼蟲會食害地瓜的葉片。雖然發生密度低，不過由於食慾旺盛，有時候甚至會將整個葉片啃食殆盡。

【如何相處】容易在接近地瓜的採收時期出現。若地瓜已經生長至充分大小，就算發現後放任不管也無妨。

貢獻度

困擾度

雖然顏色不同，不過都是白薯天蛾的幼蟲

蛾類

鬼臉天蛾

【出現時期】6～10月

【體長等】成蟲約10公分，胸部背面的骷髏斑紋令人印象深刻。幼蟲在天蛾類屬於最大型，可生長至10公分左右。體色有綠色、褐色、黃色、黑色等，個體差異大。尾部的突起附著彎曲的刺棘。

【危害】幼蟲會食害茄科蔬菜或是芝麻葉。

【如何相處】偏好啃食茄子等老舊的葉片，不會造成太大的威脅，因此放任不管也無妨。成蟲具有非常稀奇的特性，被抓住後會發出「唧——唧——」像是鋸金屬的叫聲。若發現成蟲後可試著觀察看看。

貢獻度

困擾度

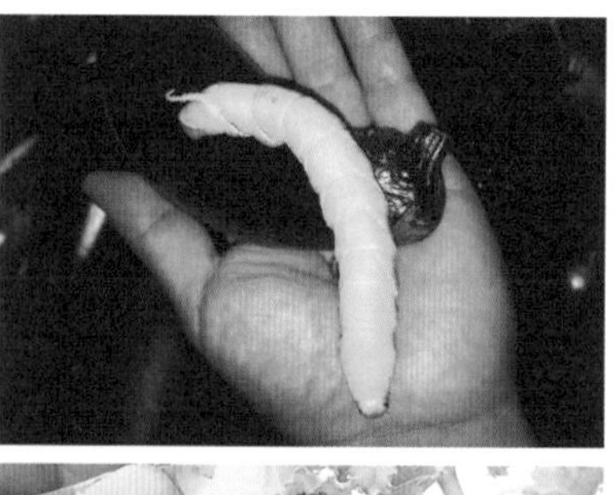

幼蟲（上）、成蟲（下）

蛾類

葫蘆夜蛾

【出現時期】6～11月

【體長等】成蟲約18毫米左右。幼蟲的體色為帶有透明感的綠色，身體帶有棘狀突起。走路方式和尺蠖蟲一樣。

【危害】幼蟲主要食害葫蘆科的葉片和果實，偶爾也會危及十字花科蔬菜。幼齡幼蟲會從葉背開始食害，不過成熟後則是會啃食靠近葉片基部的葉脈，讓整個葉片枯萎。

【如何相處】若發現凋萎並且呈現傘狀下垂的葉片，通常葫蘆夜蛾的幼蟲都會潛藏於附近。由於幼蟲擬態成和葉柄非常相似的外觀，應仔細找出別被騙過去。發現後應立即捕殺。

貢獻度
困擾度

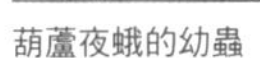
葫蘆夜蛾的幼蟲

蛾類

菜心螟（食心蟲類）

【出現時期】8～10月

【體長等】成蟲約8毫米。終齡幼蟲的大小約為15毫米左右。乳白色底帶有褐色的縱向斑紋，頭部為黑色。

【危害】為人所知的「食心蟲」幼蟲會將花椰菜、青花菜、大白菜、白蘿蔔等十字花科的蔬菜葉芯封起，潛入其中啃食葉芯。

【如何相處】從播種到定植這段期間的防蟲對策為關鍵所在。可在苗床覆蓋防蟲網，並且頻繁巡視田間。若防蟲網附著成蟲時，發現後應徹底捕殺。發生時期非常短，所以只要在這期間特別注意即可。〈參閱P39～49〉

貢獻度
困擾度

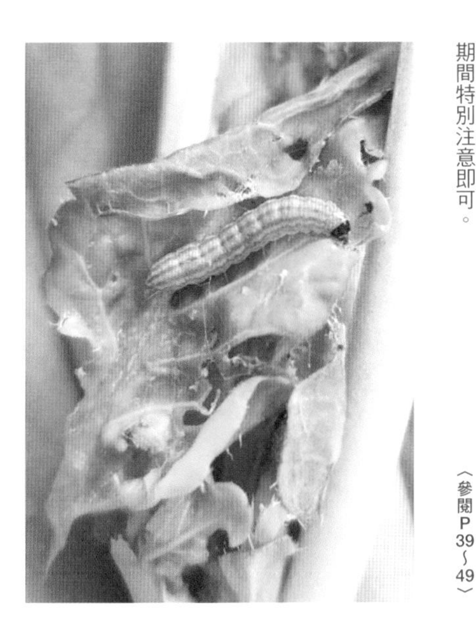

蛾類

甜菜白帶螟

【出現時期】6～10月

【體長等】成蟲為20～25毫米。翅膀帶有白色帶狀紋路。熟齡幼蟲約有15毫米程度。表皮為透明綠色的體色，頭部為淡黃褐色。和其他螟蛾相似。

【危害】幼蟲會食害菠菜、法國菠菜（番杏）等葉菜類。無翅豬毛菜也經常遭到危害。成長後會封起葉片潛入內部，從內側將葉片啃食殆盡。

【如何相處】潛藏在葉片內側的幼蟲較難以察覺。若發現食痕或是糞便時，可視為幼蟲躲藏在內側，發現後直接用手連同葉片捏死即可。

貢獻度

困擾度

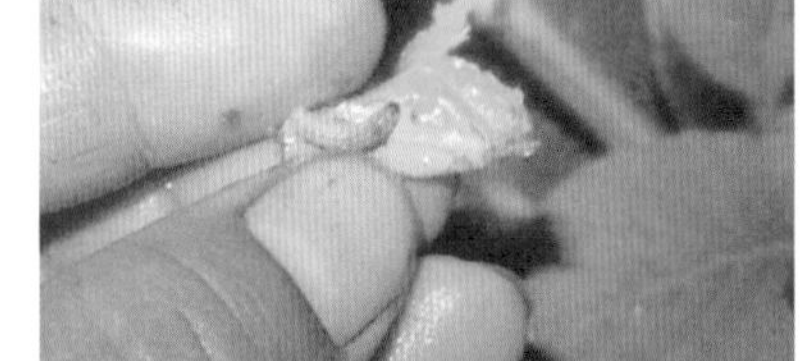

成蟲（上）、幼蟲（下）

蛾類

亞洲玉米螟

【出現時期】6～10月

【體長等】成蟲為16～20毫米。熟齡幼蟲約有4公分左右。

【危害】幼蟲會食害玉米。幼齡幼蟲則是會將雄穗封起，以集團潛入內部啃食雄穗生長。當雄穗遭到危害時，會妨礙玉米的授粉。成長後便會分散潛入莖部，從內部食害莖部或果實。

【如何相處】由於幼蟲會潛入作物的內部，所以每當發生時會難以驅除。可以提早播種，或是在亞洲玉米螟大量出現的7月之前結束採收等，實施各種預防措施。

〈參閱P43〉

貢獻度

困擾度

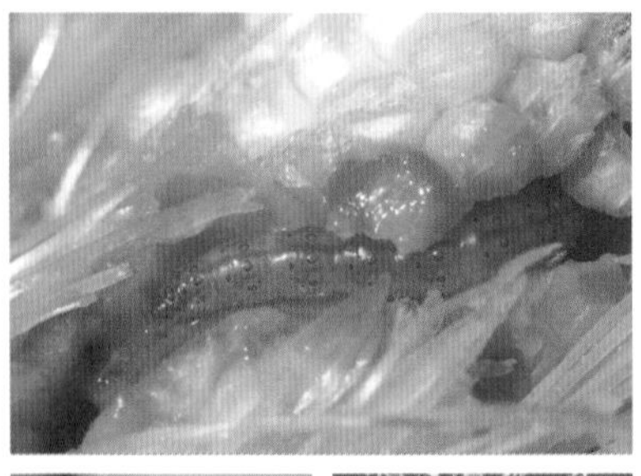

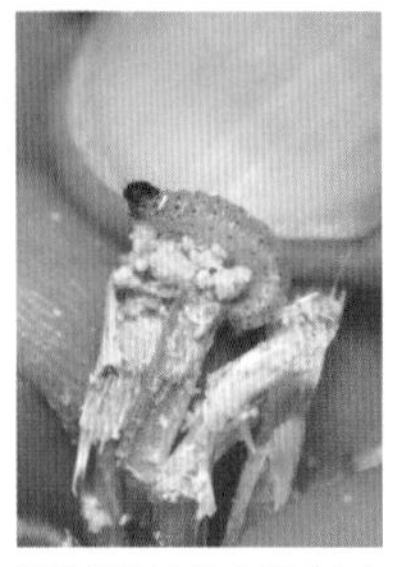

潛入果實中的幼蟲（上），初期危害是從花穗開始（左下、右）

蛾類

棉捲葉野螟

【出現時期】6～10月

【體長等】成蟲為15～20毫米。成熟的幼蟲約為20～25毫米。擁有帶有褐色的透明表皮，頭部為褐色。

【危害】幼蟲食害錦葵科的秋葵等作物的葉片。會吐絲將葉片捲起，隱藏其中從內側啃食葉片。

【如何相處】將捲起的葉片用手捏死。也可以期待繭蜂或是蜾蠃蜂等天敵幫忙捕殺。

貢獻度

困擾度

蛾類

野螟蛾

【出現時期】7～10月

【體長等】成蟲為7～8毫米。幼蟲的體色有黃綠色和紅褐色兩種，帶有黑色斑點。

【危害】幼蟲會食害紫蘇的葉片。成長後會將葉片折起或是捲起葉片隱藏其中，將葉片啃食殆盡。也會啃食莖部使葉片凋萎。

【如何相處】將捲起的葉片或是凋萎的葉片當作徵兆找出幼蟲，發現後立刻連同葉片去除。〈參閱P62〉

貢獻度

困擾度

蛾類

黃地老虎

貢獻度
困擾度

【出現時期】4～7月、9～11月

【體長等】成蟲約為20毫米。幼蟲的體色為灰褐色，成熟後可達4公分左右。

【危害】幼蟲會食害紅蘿蔔、大白菜、高麗菜、白蘿蔔、馬鈴薯、地瓜、空心菜等各種類蔬菜苗。幼蟲屬於夜行性，白天隱藏在植株基部的土壤中，到了夜晚從地面爬出啃食幼苗，會使莖部折斷。

【如何相處】發現倒伏的苗株後，可試著挖看看苗株根部周圍的淺層土壤，就能發現幼蟲。幼蟲很快就會逃回土壤隱藏，應迅速將其捕殺。〈參閱P39～42、48〉

也有切根蟲之稱的幼蟲（上）、遭到食害的苗（下）

蛾類

基白夜蛾

貢獻度
困擾度

【出現時期】8～10月

【體長等】成蟲約16毫米。熟齡幼蟲體長可達4～5公分，體色為淡褐色的底，帶有黃色、橘色、褐色的縱向條紋和褐色斑紋。

【危害】幼蟲會食害地瓜的葉片。大量發生時葉片甚至會被啃食殆盡。

【如何相處】鋪蓋防蟲網預防初期危害。雖然容易在採收期間大量發生，但是地瓜若生長至充分大小時可放任不管，還能幫忙收拾葉片。

幼蟲（上）、成蟲翅膀的特徵為和名（中白夜蛾）由來（下）

蛾類

甘藷麥蛾

【出現時期】8～10月

【體長等】成蟲約7～8毫米。幼蟲可成長至15毫米左右。腹部為褐色，頭部和胸部為黑色。

【危害】幼蟲會食害地瓜葉片或空心菜葉片。會吐絲將葉片捲起對折，並且潛入內部從內側啃食葉片。空心菜的危害尤其嚴重。

【如何相處】幼蟲逃跑速度非常快，發現捲起的葉片時不要猶豫直接用手捏死。

貢獻度
困擾度

蛾類

麗木冬夜蛾（台灣木冬夜蛾）

【出現時期】4～5月

【體長等】成蟲約6公分。幼蟲的體色為綠色，兩對黑色邊緣且連結在一起的兩個的白色斑點並列成一直線。

【危害】雖然被當作是豆科、百合科的害蟲，不過也經常對於高麗菜等十字花科蔬菜造成危害。

【如何相處】發生頻率和個體數雖然不多，但是長大後會變成大食怪。發現後應立即捕殺。

貢獻度
困擾度

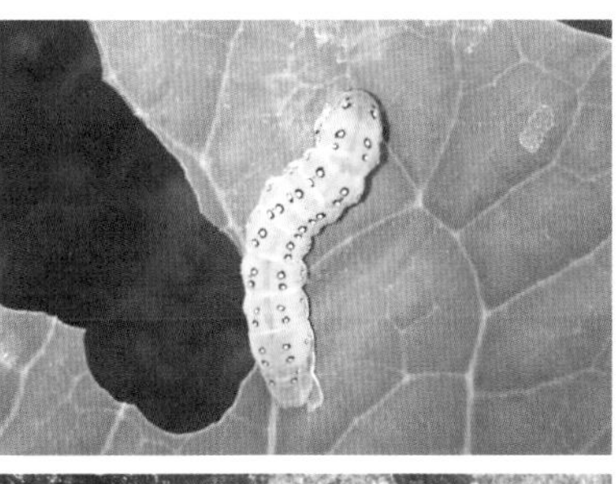

幼蟲（上）和成蟲（下）

蛾類

梨劍紋夜蛾

【出現時期】6～11月

【體長等】成蟲約2～2．5公分。幼蟲為毛蟲，體色為黑色底，每一節都長出白色的長毛。

【危害】以高麗菜、白蘿蔔等十字花科蔬菜為主，對於各種蔬菜造成食害。

【如何相處】覆蓋防蟲網防止入侵為基本防治原則。成蟲容易靠近果樹，發現後應立刻捕殺。

貢獻度

困擾度

蛾類

雙齒綠刺蛾

【出現時期】5～10月

【體長等】成蟲約3公分左右。全身帶有刺棘的幼蟲，體色為萊姆綠且背面中央帶有青色的縱向條紋。

【危害】會食害藍莓、柿子等果樹的葉片。刺棘帶有毒性，被刺到後會出現強烈的疼痛感。

【如何相處】幼齡幼蟲時期會在同一片葉背上，聚集數十隻啃食葉片。遭到食害呈現細網狀的葉片為尋找幼蟲的標記。若在周圍的葉片發現幼蟲群時，別碰到幼蟲，應直接連同葉片驅除。要注意別被刺到。

貢獻度

困擾度

幼齡幼蟲會聚集在同一片葉片上（下）

蝶類

紋白蝶

【出現時期】春、夏季

【體長等】成蟲約為2~3公分。幼蟲就是所謂的菜青蟲（菜蟲）。成長後體長可達3公分左右。

【危害】會將高麗菜、青花菜、大白菜、白蘿蔔、蕪菁、小松菜等十字花科蔬菜的葉片啃食殆盡。同時也會食害青花菜及花椰菜的花蕾表面。

【如何相處】從播種或定植時開始覆蓋防蟲網，防止成蟲入侵。用捕蟲網捕抓紋白蝶也有成效。捕抓後用手指用力捏住胸部壓死。另外也可以期待菜蝶絨繭蜂等天敵發揮作用。

〈參閱P56、68~、118〉

貢獻度

困擾度

蝶類

金鳳蝶

【出現時期】4~11月

【體長等】成蟲約7~9公分。幼齡幼蟲的體色非常像鳥糞，不過隨著成長後會變成綠、黑及橙色的三色體色。

【危害】食害紅蘿蔔、西洋芹、芹菜等繖形花科的蔬菜葉片。成長後的幼蟲食慾旺盛，放任不管會讓葉片被啃光。

【如何相處】仔細觀察是否有黑色糞便或是葉片的食痕。發現後立刻捕殺。覆蓋防蟲網避免金鳳蝶產卵也很有效果。同時期待寄生蜂發揮作用。

貢獻度

困擾度

伸出臭角的幼蟲（上）和成蟲（下）

蜂類

西洋蜜蜂

【出現時期】一整年（分蜂為4～6月）

【體長等】約13毫米（工作蜂）。體色為亮黃～橘色和黑色條紋。也有全身都是黑色的種類。

【作用】作為花粉的媒介，幫助作物授粉。從明治時期引進日本養蜂。為社會性蜂類的代表。

【如何相處】若栽培會結果實（開花）的蔬菜，就會從附近的養蜂場自己飛來田間。也可以在田間周圍栽種花類。在小川農場有設置巢箱。

〈參閱P50～56、113〉

貢獻度

困擾度

進出巢箱的西洋蜜蜂（上）

蜂類

日本蜜蜂

【出現時期】一整年（分蜂為4～5月）

【體長等】約12毫米（工作蜂）。整個身體呈現黑色，比西洋蜜蜂小一點。

【作用】作為花粉的媒介，幫助作物授粉。為日本在來種（古來種）的蜜蜂。經常在樹木的洞穴等位置築巢。

【如何相處】若事先設置巢箱，到了春天野生的日本蜜蜂就會前來。是日本原有的蜜蜂，應好好珍惜。

〈參閱P50～54〉

貢獻度

困擾度

在生長的樹木築巢（下）

蜂類

紅光熊蜂

貢獻度 👍👍👍
困擾度

【出現時期】4～10月

【體長等】20～23毫米（工作蜂）。大型而且渾圓的體型，長滿了細毛。黑色底且臀部前端為黃色的是雌蜂，腹部及胸部帶有黃色帶狀則是雄蜂。

【作用】作為花粉的媒介，幫助作物授粉。雖然屬於在來種蜜蜂……雄蜂的近緣種，但是也有農家像是西洋蜜蜂一樣提供巢箱利用。

【如何相處】雖然屬於大型而且振翅聲響大，但是個性溫和，和蜜蜂一樣是可以積極引來田間的蜂類。

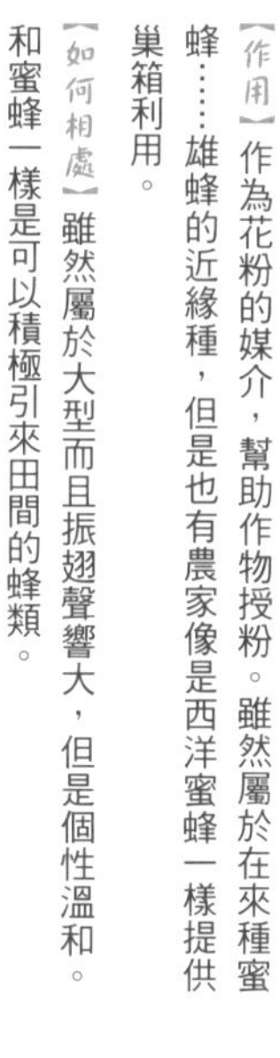

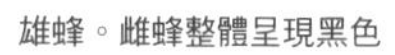

雄蜂。雌蜂整體呈現黑色

蜂類

木蜂（黃胸木蜂）

貢獻度 👍👍
困擾度 👎

【出現時期】4～10月

【體長等】20～24毫米（工作蜂）。體色為帶有光澤的黑色，胸部叢生黃色毛。

【作用】會造訪茄子等蔬菜，以及藍莓等果樹的花。吸食花蜜貢獻授粉，同時也會盜蜜。

【如何相處】雖然屬於大型而且振翅聲響大，但是性格溫和不會攻擊人。是非常優秀的果樹花粉媒介昆蟲，不需害怕應歡迎牠的來訪。

同時也會在花的基部啃出洞，進行《盜蜜》

蜂類

中華馬蜂

貢獻度
困擾度

【出現時期】4～8月中旬

【體長等】14～19毫米（工作蜂）。腹部背面帶有一對黃色斑紋。

【作用】巡視田間的每個角落，狩獵會啃食蔬菜的蛾類幼蟲。用尖銳的口器將捕捉來的蝶蛾幼蟲嚼碎，變成肉團帶回蜂巢。其他長腳蜂類的狩獵方式也都相同。

【如何相處】只要不要碰到蜂巢或是用手揮打，幾乎不會主動螫人。如果在田間附近發現蜂巢應靜靜守護，並期待這些蜂類發揮出害蟲驅除的作用。

〈參閱P56～58、67〉

蜂類

雙斑長腳蜂

貢獻度
困擾度

【出現時期】4～8月中旬

【體長等】11～16毫米（成蟲）。整體呈現黑色，腹部帶有淡黃色線條。臉部等帶有黃色的圓形紋路。

【作用】和中華馬蜂相同。

【如何相處】和中華馬蜂相同。

〈參閱P57～〉

※圖鑑未記載的黃長腳蜂、暗黃長腳蜂（約馬蜂）的【作用】及【如何相處】也都和中華馬蜂相同。

蜂類

熱帶虎頭蜂

【出現時期】7～8月

【體長等】24～37毫米。是大小次於大虎頭蜂的大型虎頭蜂類。

【作用・危害】專門襲擊長腳蜂的蜂巢，捕捉幼蟲及蜂蛹並帶回巢中。是專門狩獵蝶蛾幼蟲的長腳蜂的天敵，所以其實是棘手的蜂類，不過另一方面也會吸食花蜜，發揮幫忙授粉的作用。

【如何相處】會出現在長腳蜂蜂巢的附近。雖然體型非常大，但是在虎頭蜂當中算是比較溫和的種類，在田間發現不需要害怕。小心不要用手揮打以免刺激到虎頭蜂。

〈參閱P59～60〉

貢獻度

困擾度

蜂類

黃色虎頭蜂

【出現時期】5～11月

【體長等】25～28毫米。和其他虎頭蜂相較之下黃色明顯，毛色較深。

大虎頭蜂

【出現時期】5～11月

【體長等】40～45毫米。帶有毒性強烈的毒針和下顎，飛翔能力也很優秀。體長在日本蜂類當中屬於最大型。

〈參閱P53～54、61〉

貢獻度

困擾度

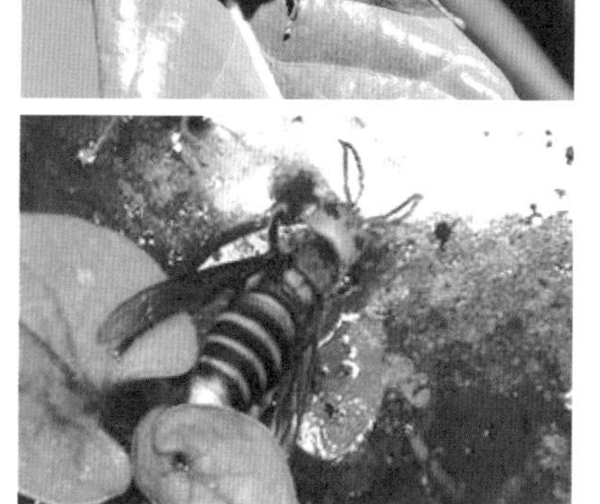

黃色虎頭蜂（上）、大虎頭蜂（下）

蜂類

沙蜂

【出現時期】7～9月

【體長等】20～25毫米。整體體色為黑色，腹部帶有橙色紋路。為細腰蜂的一種，腹部的基部有如細針般細長為其特徵。

【作用】巡邏田間的同時，狩獵尺蠖蛾等蛾類幼蟲。會在地面挖掘深度約10公分的洞穴，將捕捉來的蝶蛾幼蟲儲藏。

【如何相處】經常可見沙蜂拖著捕捉來的尺蠖蟲的樣子。對於人類無害，因此只要默默守護即可。

貢獻度

困擾度

蜂類

黃緣蜾蠃蜂

【出現時期】5～10月

【體長等】10～21毫米。黑色底帶有黃色斑紋。腹部的兩條黃色帶狀為其特徵。

【作用】是會將隱藏在葉片內，啃食葉片的螟蛾類、捲葉蛾類幼蟲拖出來狩獵的知名狩獵家。會在木材或竹筒的洞穴內築巢，將捕捉的蛾類幼蟲搬運至蜂巢中儲存。

【如何相處】是非常優秀的害蟲狩獵家，可積極引誘至田間。若在田間附近放置竹筒束，也許就能引誘黃緣蜾蠃蜂前來當作蜂巢利用。

〈參閱P62～65〉

貢獻度

困擾度

蜂類

麗胸蜾蠃蜂

【出現時期】5～10月

【體長等】約18毫米。整個身體呈現黑色，腹部帶有兩條帶狀紋路。

【作用】和黃緣蜾蠃蜂一樣，會幫忙捕捉螟蛾類的幼蟲。用泥土製作出細長的拱圓形蜂巢，並且設置煙囪狀的出入口，從出入口搬運獵物。

【如何相處】和黃緣蜾蠃蜂相同。是能期待驅除害蟲的狩獵蜂類。如果在田間附近的建築物或人工物上，發現了牠們用泥土築的蜂巢時應仔細保護。〈參閱P63〉

貢獻度
困擾度

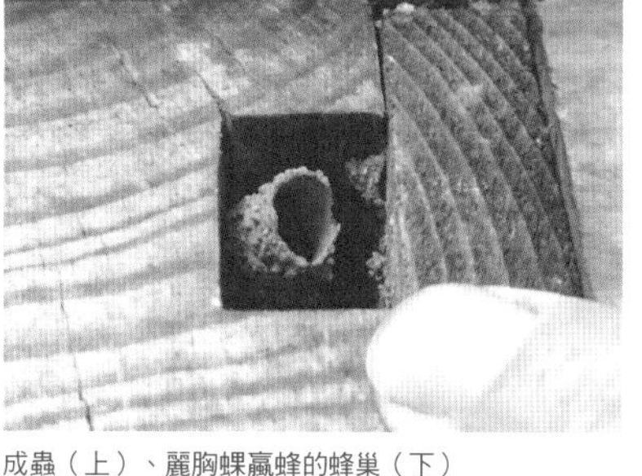

成蟲（上）、麗胸蜾蠃蜂的蜂巢（下）

蜂類

鑲黃蜾蠃蜂

【出現時期】5～10月

【體長等】18～30毫米。身體為黑色，腹部及胸部帶有橘色紋路。胸部較細。

【作用】主要狩獵尺蠖蛾的幼蟲。會在混凝土的外牆等位置製作小蜂巢，將獵物運送至其中。

【如何相處】和麗胸蜾蠃蜂一樣，發現蜂巢後應加以保護。〈參閱P65〉

貢獻度
困擾度

為了築蜂巢正在收集泥土（左）。鑲黃蜾蠃蜂的蜂巢（右）

蜂類

大腹長土蜂

【出現時期】4～11月

【體長等】23～33毫米。體色為黑色且毛色深，偏長的腹部帶有黃白色的條紋。

【作用】大腹長土蜂的幼蟲寄生在潛藏於土壤中的金龜子幼蟲上。母蜂會找出在土中啃食作物根部的金龜子幼蟲，並在幼蟲上產卵。成蟲則是優秀的花粉媒介昆蟲。

【如何相處】是造成田間嚴重危害的金龜子幼蟲的天敵，應加以重視。發現後應歡迎牠的到來。

〈參閱P65〉

貢獻度

困擾度

蜂類

菜蝶絨繭蜂

【出現時期】春、秋季

【體長等】約3毫米（成蟲）。

【作用】專門寄生在紋白蝶幼蟲（菜青蟲）上。雌成蟲會在菜青蟲的體內產下數十個蜂卵。

【如何相處】當菜蝶絨繭蜂的幼蟲成長後，會將菜青蟲的身體啃破，於菜青蟲腹部下方結成蛹。若發現菜青蟲腹部附著米粒大的大量黃色蟲蛹，應仔細保護不要驅除。

〈參閱P17～18、68～71〉

貢獻度

困擾度

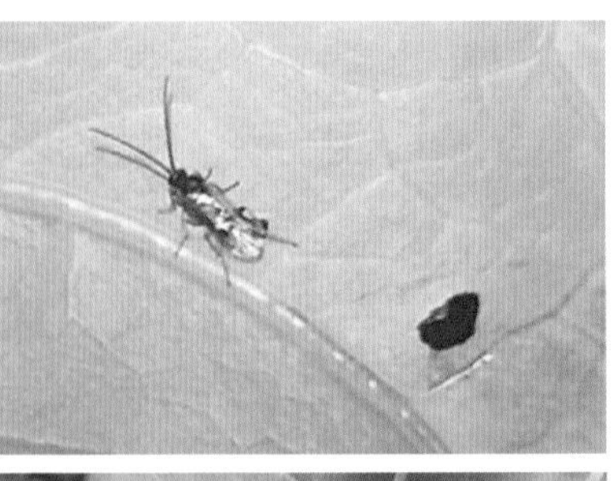

成蟲（上）和被寄生的菜青蟲及繭蜂的蛹（下）

蜂類

側溝繭蜂

【出現時期】6～8月

【體長等】3～4毫米。

【作用】寄生在番茄、青椒等茄科蔬菜的害蟲……番茄夜蛾的幼蟲身上。和菜蝶絨繭蜂的不同之處在於，每個宿主只會寄生一隻幼蟲。

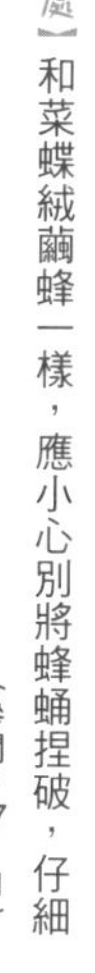

【如何相處】和菜蝶絨繭蜂一樣，應小心別將蜂蛹捏破，仔細保護。

〈參閱P67、71〉

貢獻度

困擾度

側溝繭蜂的蜂蛹

蜂類

蚜繭蜂類

【出現時期】1～12月

【體長等】2～3毫米左右。體色及紋路根據種類而異。

【作用】為蚜蟲的天敵。會在蚜蟲的身體產卵。被寄生而呈現木乃伊化的蚜蟲稱為「木乃伊蚜蟲」。

【如何相處】遭到蚜繭蜂寄生的蚜蟲一眼就能看出來。若出現膨脹成圓形，變色成金色、褐色、灰色、黑色而且不太活動的蚜蟲時，就是木乃伊蚜蟲。可留下木乃伊蚜蟲，只驅除活潑好動的健康蚜蟲。

〈參閱P34～35、69～71〉

貢獻度

困擾度

蜂類

菜葉蜂

【出現時期】4～11月

【體長等】成蟲約7毫米。頭部為黑色，胸部及腹部為鮮豔的橘色。擁有暗黑色的翅膀。幼蟲可生長至15毫米左右，因為會吃蔬菜以及青黑色的身體，因此又被稱為「菜黑蟲」。

【危害】幼蟲會食害白蘿蔔、小松菜、大白菜等十字花科的蔬菜。

【如何相處】若葉片出現不規則大小的蛀食孔，葉背很有可能附著幼蟲。發現後立刻捕殺。觸碰到幼蟲時身體會捲成圓形掉落，可尋找地面將其捕殺。（參閱P39）

貢獻度

困擾度

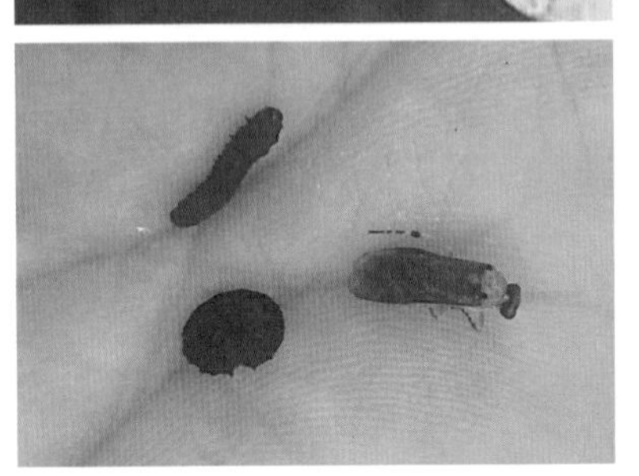

成蟲（上）、幼蟲和成蟲（下）

蜂類

葉蜂

【出現時期】5～10月

【體長等】約10毫米（成蟲）。

【作用】幼蟲會吃問荊（木賊；杉菜）的葉子。

【如何相處】在田間叢生的問荊是難以驅除的棘手雜草，不過可藉由葉蜂一掃而空。雄黑蜂也是同樣會啃食問荊的葉蜂類。若發現幼蟲時小心守護即可。

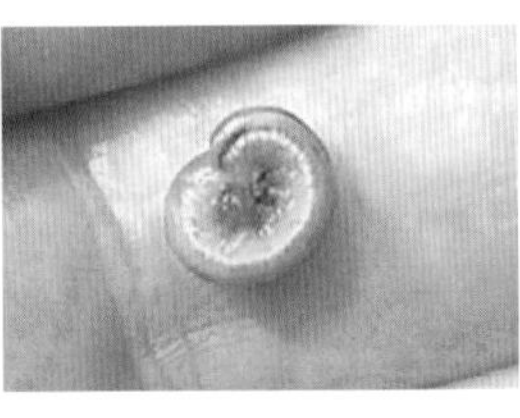

貢獻度

困擾度

成蟲（左）和幼蟲（右）

蠅類

潛蠅（畫圖蟲）

【出現時期】4～11月

【體長等】成蟲的體長約2毫米。幼蟲是非常小的蛆蟲。

【危害】成蟲會在茼蒿或是十字花科的水菜及蕪菁的葉肉內產卵，潛入葉片中的幼蟲則是會在葉片留下線條狀的食痕。雖然潛蠅的種類繁多，不過由於食害的特徵相同，所以每種潛蠅的幼蟲都俗稱為「畫圖蟲」。

【如何相處】遭到產卵的葉片會出現白色小點，發現後應將葉片去除。可惜的是目前並沒有直接有效的防治法。只能祈禱不要大量發生。

〈參閱P70〉

貢獻度

困擾度

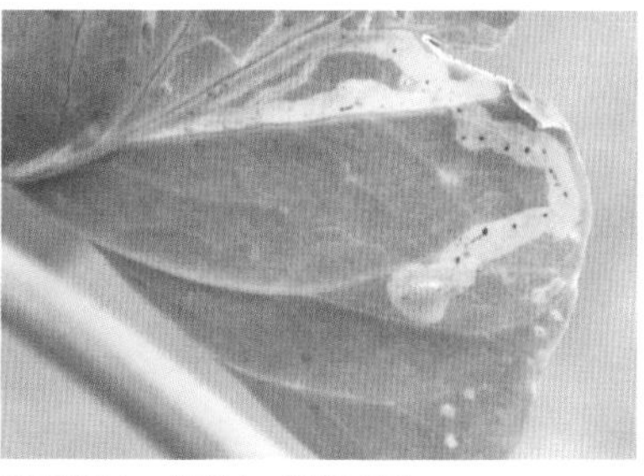

潛入葉片中，像畫圖一樣留下痕跡

蠅類

食蚜癭蠅

【出現時期】4～10月

【體長等】成蟲約1．3毫米。腳非常長，外觀和蚊子相似。幼蟲為蛆狀，體色透明帶有紅色。

【作用】幼蟲為肉食性，會捕食棉蚜、桃蚜等蚜蟲類。將口吻刺入蚜蟲身體，注入毒液使其麻痺後捕食。在農業界是非常普及的生物農藥。

【如何相處】雖然身體非常小，但是繁殖力卻很高，是能默默幫助減輕蚜蟲危害的益蟲。應於田間充分利用屬於日本在來種的食蚜癭蠅。

貢獻度

困擾度

金花蟲類

黃守瓜

【出現時期】5～10月

【體長等】成蟲的體長約8毫米。整個身體為橘黃色，腹部為黑色。也有近緣種「黑守瓜」。

【危害】成蟲是小黃瓜、西瓜、南瓜、哈密瓜、東方甜瓜等葫蘆科蔬菜的大敵。會以輪狀啃食瓜類葉片並且啃出洞。幼蟲會在土壤中食害根部。

【如何相處】防蟲網以及黃守瓜討厭的反光銀色塑膠布等，可達到某種程度的預防效果。在移動遲緩的早晚可用手捕殺。白天則是用捕蟲網捕捉。

貢獻度

困擾度

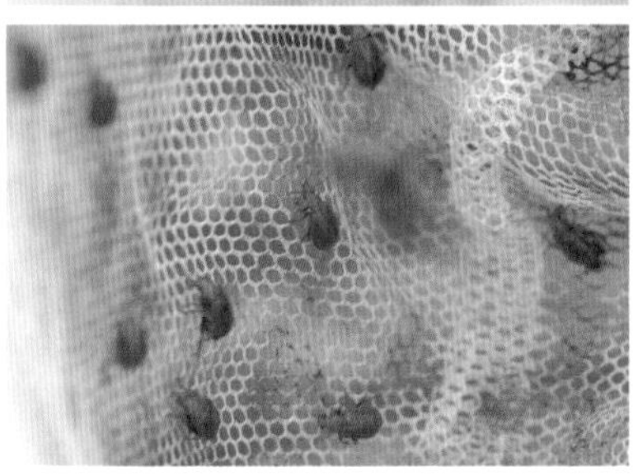

白天可用捕蟲網捕捉。

金花蟲類

茄蚤跳甲

【出現時期】3～11月

【體長等】成蟲的體長約2毫米。翅膀是帶有光澤的黑藍色，體型偏圓形。幼蟲擁有棘狀突起，成長後體色會轉變為黑色。

【危害】幼蟲和成蟲都會將茄科及十字花科的各種蔬菜啃食殆盡。留下圓形的食痕。

【如何相處】成蟲會像跳蚤一樣敏捷地跳起，所以捕捉困難。可覆蓋防蟲網預防。

貢獻度

困擾度

金花蟲類

黃條葉蚤

【出現時期】3～11月

【體長等】成蟲的體長約3毫米。帶有光澤的黑色翅膀，左右兩側呈現黃褐色的條狀斑紋。

【危害】成蟲會將高麗菜、大白菜、青江菜等各種十字花科蔬菜啃食殆盡。幼蟲則在土壤中食害根部。

【如何相處】和茄蚤跳甲相同。

〈參閱P27〉

貢獻度

困擾度

蝽象類

圓蝽象

【出現時期】4～10月（巔峰期為8～9月）

【體長等】成蟲的體長約5毫米。黃褐色的圓滾滾身體。幼蟲無翅，呈橢圓形且帶有一對明顯的黑色斑紋。

【危害】食害毛豆或黃豆等豆科蔬菜。從葉片或莖部吸食養份。經常可見同一根莖有10隻以上聚集。用手觸摸會散發臭味。

【如何相處】不吸食豆莢的汁液，所以不會造成太大的損害。草類殘渣為發生來源，若田間周圍雜草叢生的話，應儘早處理乾淨預防發生。其他的蝽象也是一樣。

貢獻度

困擾度

蝽象類

東方稻綠蝽象

【出現時期】4～10月（巔峰期為6～8月）

【體長等】成蟲的體長約13毫米左右。整個身體為不帶光澤的綠色。幼蟲無翅，有各種花紋的紅色及黑色斑紋。

【危害】食害茄科、豆科等各種蔬菜。同時也會吸食黃豆、紅豆、四季豆、毛豆、蠶豆等豆莢，讓豆莢中的豆類變形。

【如何相處】成蟲會迅速飛走，捕殺困難。密植狀態容易招來蝽象，應修除多餘的枝葉，促進通風。同時也期待能集中產卵於蝽象卵塊的寄生蜂發揮作用。

貢獻度

困擾度

幼齡幼蟲（上）和熟齡幼蟲（下）

蝽象類

小柏蝽象

【出現時期】4～10月（巔峰期為6～8月）

【體長等】成蟲的體長為11毫米左右。身體為亮黃綠色，如同其名（日本和名為茶翅青蝽象）帶有一雙茶褐色翅膀。幼蟲體色為綠色，背面中央帶有黑斑。

【危害】和東方稻綠蝽象相同。

【如何相處】和東方稻綠蝽象相同。

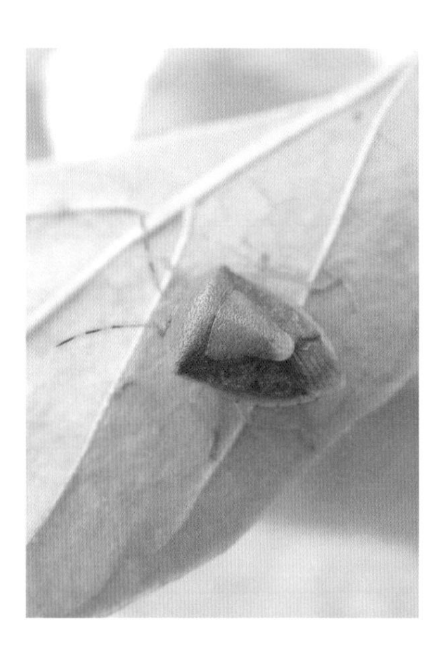

貢獻度

困擾度

蝽象類

褐翅蝽象

【出現時期】4～10月（巔峰期為6～8月）

【體長等】成蟲體長為16毫米左右。褐色帶有細小的斑紋。幼蟲無翅，黑色而且帶有刺棘。

【危害】除了茄科及豆科作物外，也會發生於果樹。在接近梅子、柿子、藍莓等採收期吸食果實的汁液，使果實呈現凹凸變形。

【如何相處】和東方稻綠蝽象相同。

貢獻度

困擾度

蝽象類

斑須蝽象

【出現時期】4～10月（巔峰期為6～8月）

【體長等】成蟲的體長約12～13毫米。觸角及腹部帶有黑白色的條紋。體色有黃褐色、紅褐色等，差異非常多。

【危害】和東方稻綠蝽象相同。

【如何相處】和東方稻綠蝽象相同。

貢獻度

困擾度

蝽象類

瘤緣蝽象

【出現時期】4～10月（巔峰期為7～9月）

【體長等】10～12毫米。

【危害】主要食害青椒、辣椒等茄科蔬菜。不會發生於豆科作物。身體表面及腳部帶有細刺。

【如何相處】蟲卵是漂亮的紅寶石色。發現卵塊後應連同葉片驅除，早期發現早期驅除為防治關鍵。幼蟲可用膠帶將其捕殺。

貢獻度

困擾度

蝽象類

甘藍菜蝽象

【出現時期】4～10月

【體長等】成蟲的體長約8～9毫米。體色為深藍色的底帶有鮮豔橘色的條紋。

【危害】會吸食白蘿蔔、蕪菁等各種十字花科蔬菜的葉片。

【如何相處】和東方稻綠蝽象相同。

貢獻度

困擾度

蝽象類

點蜂緣蝽象

【出現時期】4～10月（巔峰期為6～8月）

【體長等】成蟲體長為15毫米左右。身體褐色且細長，腳也很長。幼蟲和螞蟻非常相似。

【危害】吸食黃豆、紅豆、四季豆、蠶豆、豌豆等豆類作物的豆莢。

【如何相處】和東方稻綠蝽象相同。

貢獻度

困擾度

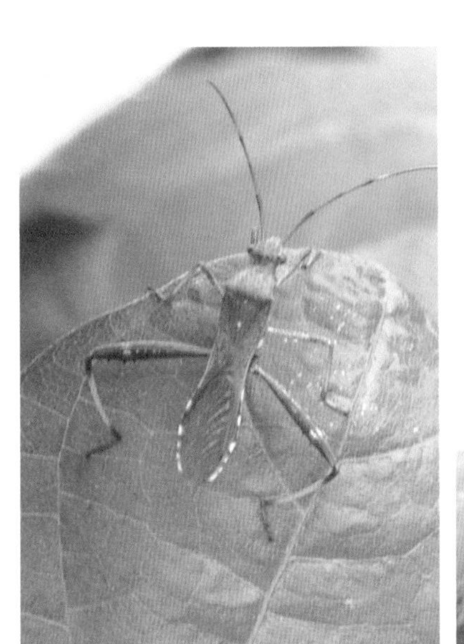

成蟲（左）和擬態成螞蟻的幼蟲（右）

蝽象類

小黑花蝽象

【出現時期】6～7月

【體長等】成蟲為2毫米。體色為黑～褐色，翅膀為透明。

【作用】幼蟲和成蟲都會捕食薊馬類及粉蝨類。

【如何相處】自然發生於出現薊馬及粉蝨的場所。期待天敵發揮作用。

貢獻度

困擾度

蝽象類

環斑猛獵蝽象

【出現時期】6～10月

【體長等】成蟲體長約15毫米左右。腳和身體都帶有黑白相間的斑紋。

【作用】除了蚊子或蝴蝶幼蟲外，也會捕食金花蟲等甲蟲。將銳利口吻刺進獵物體內吸食體液。

【如何相處】肉食性的獵蝽象是歡迎造訪田間的昆蟲。不過銳利的口吻也有可能會刺到人，注意不要徒手去抓。

貢獻度

困擾度

捕捉菜青蟲

蝽象類

寬大眼長蝽象

【出現時期】9月

【體長等】成蟲約5毫米。身體帶有黑色光澤，同時擁有黃～橙色的頭、觸角和腳。

【作用】捕食薊馬類和葉蟎類。

【如何相處】自然發生於出現薊馬及葉蟎的場所。期待發揮作用。

貢獻度

困擾度

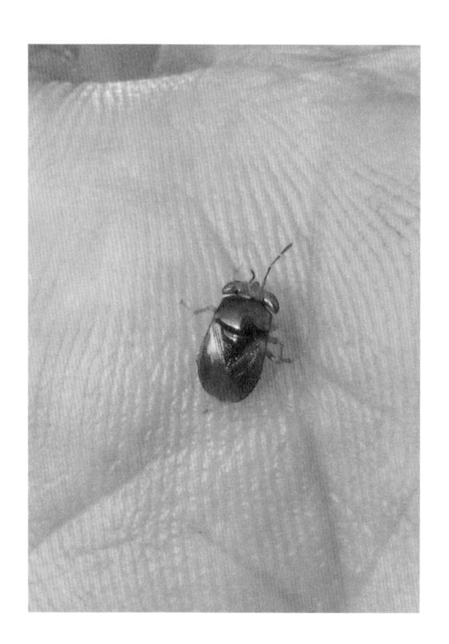

其他類昆蟲

小青銅金龜

【出現時期】成蟲為6～9月。幼蟲從秋至初夏在土壤內生長結蛹。

【體長等】約25毫米（成蟲）。身體和翅膀是帶有霧面光澤的暗銅色。

【危害】成蟲會食害毛豆、四季豆、草莓等葉片。幼蟲則是食害地瓜皮及草莓的根部。近緣種的青銅金龜也是一樣。

【如何相處】位於葉片上的成蟲可簡單捕殺。而潛入土壤的幼蟲，則會被大食蟲虻的幼蟲捕食。

〈參閱P65〉

貢獻度

困擾度

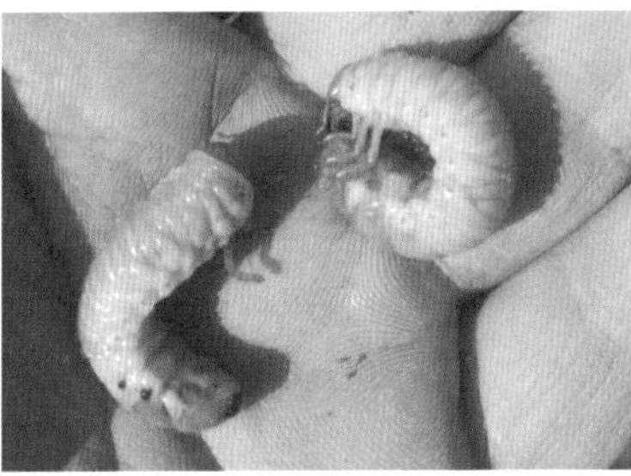

成蟲（上）和幼蟲（下）

其他類昆蟲

豆金龜

【出現時期】8～9月。幼蟲於9～5月在土壤中度過。

【體長等】約10毫米的小型金龜。頭部和胸部為金綠色，翅膀為紅銅色。

【危害】成蟲食害豆類及山麻的葉片。

【如何相處】和小青銅金龜相同。

〈參閱P39、65〉

貢獻度

困擾度

其他類昆蟲

獨角仙

【出現時期】6～8月，幼蟲為9～5月

【體長等】成蟲約32～53毫米。

【作用・危害】幼蟲會出現於堆肥中，吃完堆肥所排出的糞便可成為更優質的堆肥。在栽培藍莓時，會將木片、泥炭土及根部一起啃食，所以屬於害蟲。

【如何相處】若堆肥中大量出現幼蟲或蟲蛹時，可小心保護。

貢獻度

困擾度

成蟲（左）和幼蟲（右）

其他類昆蟲

蔬菜象鼻蟲

【出現時期】9～5月

【體長等】成蟲約10毫米。體色為紅褐色，翅膀帶有V字形的白色斑紋。幼蟲約為10～14毫米，呈現白綠色。

【危害】幼蟲會食害大白菜、小松菜、菠菜、紅蘿蔔等。幼蟲尤其會鑽入捲起的大白菜葉片內部啃食，引起嚴重的危害。

【如何相處】具有每年在同一個場所出現的傾向，因此可仔細確認發生場所。大白菜及小松菜在初秋的播種時期，可於苗場周圍挖掘槽溝，並覆蓋防蟲網避免成蟲前來。

〈參閱P39～、81〉

貢獻度

困擾度

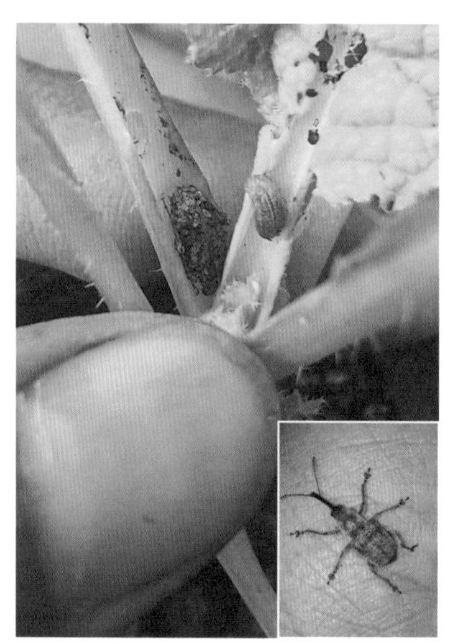

幼蟲（大張照片）和成蟲（右下）

其他類昆蟲

步行蟲類

【出現時期】5～10月

【體長等】成蟲體長約15～20毫米。體色為黑色，擁有很大的下顎。

【作用】捕食各種昆蟲。屬於夜行性，到了夜晚在地面徘徊捕食切根蟲類，除此之外也會捕食夜盜蟲、番茄夜蛾幼蟲、捲葉蟲等。

【如何相處】屬於夜行性的捕食者，因此非常歡迎棲息於田間。在容易出現夜盜蟲的苗圃可覆蓋乾稻草等，當作步行蟲的棲息場所。

〈參閱P48、102〉

貢獻度

困擾度

大瓢簞步行蟲

其他類昆蟲

台灣大刀螳（大螳螂）

【出現時期】4～11月（於溫室內會在3月孵化）

【體長等】成蟲的體長約10公分。於日本在來種螳螂中屬於最大型的種類。

【作用】會用埋伏戰略進行狩獵，體型較小的幼蟲時期會捕食蚜蟲、葉蟬等，成蟲則是會捕食蝶類、蜻蜓、蝽象、蚱蜢等各種昆蟲。

【如何相處】位於田間食物鏈的頂點獵人。同時也會捕食益蟲，因此對於田間而言有好有壞，不過存在的意義非常大。冬天若發現台灣大刀螳的卵囊時，也可以移動至溫室內保護。

〈參閱P72～77〉

貢獻度

困擾度

成蟲（上）和卵囊（下）

其他類昆蟲

寬腹螳螂

【出現時期】4～9月

【體長等】成蟲體長約5～7公分。身體如同其名腹部較寬，翅膀帶有一對淡黃色的紋路為其特徵。

【作用】和台灣大刀螳相同。

【如何相處】和台灣大刀螳相同。

〈參閱P75～76〉

貢獻度

困擾度

成體（左）、幼體（右）

其他類昆蟲

無霸勾蜓

【出現時期】6～10月

【體長等】體長約12公分。是日本產的蜻蜓中最大型種。

【作用】從附近流動的水邊飛來田間，雌蟲在範圍內巡邏並狩獵各種昆蟲。在空中獵捕其他正在飛行的昆蟲，並用尖銳的下顎嚼碎。

【如何相處】是昆蟲界知名的狩獵家。歡迎飛來田間幫忙捕捉金龜及蟑象等。

〈參閱P86〉

貢獻度

困擾度

其他類昆蟲

細鉤春蜓

【出現時期】6～10月

【體長等】體長約12～15公分。水藍色～綠色的大複眼令人印象深刻。胸部帶有藍色或綠色的斑紋。

【作用】從沼澤或池塘等沒有水流動的附近水域飛來田間，在空中狩獵其他正在飛行的昆蟲捕食。

【如何相處】和無霸勾蜓相同。〈參閱P85〉

貢獻度
困擾度

其他類昆蟲

日本弓背蟻

【出現時期】一整年

【體長等】工蟻的體長約7～12毫米。體色為黑色。

【作用】在田間的地面或蔬菜莖部及葉片上來回行走，捕獲蝶蛾幼蟲，或是將昆蟲的死骸帶回蟻窩。另一方面，和蚜蟲屬於共生關係，獲取蚜蟲的《甘露》，取而代之幫忙攻擊蚜蟲的天敵……瓢蟲。

【如何相處】螞蟻是對於田間而言有好有壞的昆蟲。在田間築的巢也有可能會妨礙蔬菜的生長，可以用淹水攻擊法讓螞蟻們搬家。〈參閱P27、56、77〉

貢獻度
困擾度

攻擊切根蟲（下）

其他類昆蟲

大食蟲虻

【出現時期】7～9月

【體長等】體長約3公分。身體覆蓋著長長的體毛。幼蟲為白色蛆蟲類型。

【作用】兇猛的大型食蟲虻。成蟲會在葉片上埋伏，捕食所有種類的昆蟲。具有偶爾甚至會攻擊虎頭蜂的攻擊性和殺傷力。幼蟲時期在土壤中度過，捕食會啃食蔬菜根部的金龜子幼蟲。

【如何相處】雖然看起來兇猛，但是不會對於人造成危害，因此可安心讓大食蟲虻棲息於田間。（參閱P66、129）

貢獻度

困擾度

其他類昆蟲

葉蟬、飛蝨類

【出現時期】3～10月（尤其夏季常見）

【體長等】約5～10毫米。

【危害】根據種類不同會附著於各種作物上，吸食汁液阻礙生長。另外也會成為病原菌的媒介，誘發煙煤病。

【如何相處】覆蓋防蟲網防止入侵，一旦發現立刻捕殺。移動較緩慢。不至於大量發生於蔬菜上。

貢獻度

困擾度

綠軍配飛蝨（Kallitaxilla sinica）

其他類昆蟲

負蝗

【出現時期】6～10月

【體長等】雄成蟲體長約20～25毫米，雌成蟲約40～42毫米。體色從綠～褐色等非常多種。經常可見雄蟲坐在雌蟲的背上。

【危害】幼蟲和成蟲都會食害十字花科及菊科蔬菜。秋冬蔬菜的危害尤其嚴重，剛定植好的苗會陸續聚集成蟲，將幼苗啃食殆盡。特別喜歡紫蘇葉。

【如何相處】覆蓋防蟲網預防。

貢獻度

困擾度

其他類昆蟲

星天牛

【出現時期】6～7月（成蟲）

【體長等】成蟲的體長約25～35毫米。具有光澤的黑色翅膀，帶有不規則的白色斑紋。

【作用・危害】成蟲會食害藍莓的枝條、葉片及果實。幼蟲則是從接近地面的樹幹啃食木質部，甚至會使樹木枯萎。

【如何相處】若藍莓有持續更新植株的話，小川農場的策略是放任不管也OK。

貢獻度

困擾度

其他類昆蟲

黃星長角天牛

【出現時期】5～11月

【體長等】成蟲的體長約15～30毫米。黑底翅膀帶有黃色斑紋。體色為深綠色的底帶有淡黃色的斑紋。是由中國、台灣而來的歸化種。

【作用・危害】食害無花果、遼東楤木。危害的程度比星天牛還要嚴重一些。另一方面，也能幫助促進樹木的更新。

【如何相處】無花果及遼東楤木的樹木更新週期短，所以受到食害也沒關係。

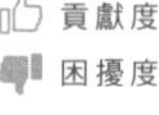
貢獻度
困擾度

昆蟲以外的生物

橫帶人面蜘蛛

【出現時期】9～11月

【體長等】雌蛛為17～30毫米、雄蛛為6～13毫米。

【作用】最大甚至可編織出直徑1公尺的蜘蛛網，將飛來田間的蛾成蟲以及其他飛行昆蟲一網打盡。

【如何相處】對於田間而言有益或是有害的蟲全都捕食，因此有罪也有功勞。不過，能藉由超大的蜘蛛網捕獲夜間飛來的蛾類成蟲這點，絕對是功不可沒。在製作蜘蛛網時，盡量不要用手拍打，應小心保護。

貢獻度
困擾度

昆蟲以外的生物

大腹鬼蛛

【出現時期】3～10月

【體長等】雌蛛為30毫米、雄蛛為20毫米，屬於大型蜘蛛。體色為灰褐色～紅褐色。

【作用】天色昏暗後才開始築網，捕獲夜行性的昆蟲。白天會將蜘蛛網收起，躲藏在葉片遮陰處。

【如何相處】是在夜晚築網，幫忙捕捉夜行性蛾類的知名狩獵家。白天會將蜘蛛網收起，所以也不會干擾到田間作業。期待夜晚發揮作用，是非常可靠的天敵。

貢獻度

困擾度

昆蟲以外的生物

橫紋金蛛、悅目金蛛

【出現時期】4～11月

【體長等】橫紋金蛛約1～2・5公分。悅目金蛛約1～2公分。擁有鋸齒狀的白色紋路，會編出獨特的蜘蛛網。

【作用】是田間常見的一種蜘蛛，能捕食蝶蛾類、飛蝨及葉蟬類等。

【如何相處】會幫忙捕食夜間飛來田間的蛾類成蟲，所以不要用手拍除蜘蛛網，當作是天然的陷阱小心守護即可。

貢獻度

困擾度

橫紋金蛛（上）、悅目金蛛（下）

八疣塵蛛

【出現時期】4～10月

【體長等】雌蛛8～10毫米，雄蛛10～15毫米。身體為黑褐色且佈滿疣狀物。

【作用】會製作出以圓形的蜘蛛網為中心，沿著直線收集食物殘渣及脫皮殼的「隱帶」，並隱藏其中。捕食陷入蜘蛛網的蛾類幼蟲等。

【如何相處】當作田間的中間狩獵者放任其生存。

貢獻度
困擾度

八疣塵蛛（上）和隱帶（下）

昆蟲以外的生物

星豹蛛（黑豹蛛）

【出現時期】一整年

【體長等】雌蛛7～10毫米，雄蛛5～7毫米。體色為灰褐色。

【作用】常見於田間，不築網的徘徊性蜘蛛種類。會捕食蛾的幼蟲。母蜘蛛會用《絲疣》繫著卵囊行走，並且背著孵化後的小蜘蛛於腹部或是背上加以保護。

【如何相處】在田間為夜盜蛾及小菜蛾幼蟲的天敵。是有助於栽培蔬菜的好夥伴。

貢獻度
困擾度

拖著卵囊的星豹蛛

昆蟲以外的生物

鼠婦（土鱉）

【出現時期】2～11月

【體長等】約1・5公分。

【作用・危害】和螞蟻一樣，會幫忙吃掉昆蟲殘骸的田間清潔家。另一方面，也會為了築巢而啃食幼苗使其枯萎。

【如何相處】能幫助打理田間的土壤環境，基本上放任不管即可。

貢獻度

困擾度

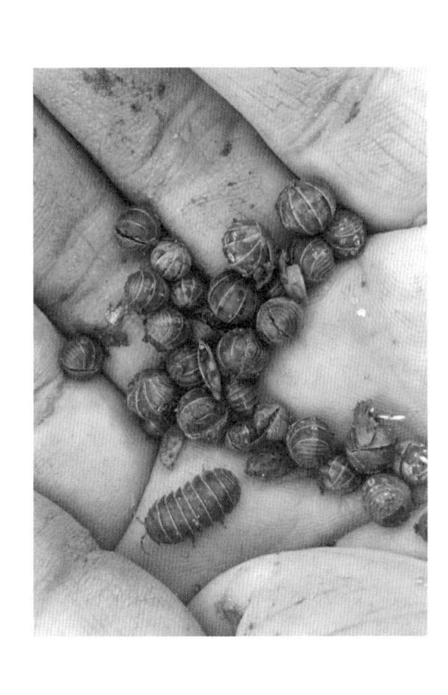

昆蟲以外的生物

葉蟎類

【出現時期】2～10月

【體長等】0・5毫米左右。

【危害】發生於茄科、葫蘆科蔬菜、芋頭、四季豆、草莓等各種蔬菜，從葉片吸食養份。使葉片出現點狀或是網紋狀的白色斑點，或是讓葉片顏色變差。

【如何相處】對於田間造成危害的葉蟎類，有二點葉蟎、神澤葉蟎等代表。每種葉蟎都容易在乾燥時出現，夏季應適度澆水。

〈參閱P14、73、100、128〉

貢獻度

困擾度

葉蟎的食痕

昆蟲以外的生物

日本石龍子

【出現時期】4～11月

【體長等】20～25公分。幼體尾巴為鮮豔的金屬藍，背部帶有金色及黑色的線條，隨著成長整個身體會變成褐色。

【作用】是位於田間食物鏈頂端的捕食者。於地面徘徊的同時，捕食負蝗、蟋蟀等各種昆蟲。

【如何相處】非常歡迎來訪田間。可以幫忙巡視容易忽略的植株基部。

貢獻度

困擾度

昆蟲以外的生物

東北雨蛙

【出現時期】5～10月

【體長等】4～5公分。

【作用】埋伏在葉片上，大口捕食飛蝨、葉蟬、小型蛾類等。也會吃蛾的幼蟲。

【如何相處】雖然也會捕食寄生蜂等益蟲，不過是非常歡迎來訪田間的生物。表皮的黏膜具有微弱的毒性，觸摸後請一定要洗手。

貢獻度

困擾度

昆蟲以外的生物

日本蟾蜍

【出現時期】3～11月

【體長等】15公分左右。

【作用】於夜晚徘徊地面，捕食夜行性的昆蟲。

【如何相處】期待幫忙捕食夜行性的夜盜蟲或是黃地老虎。身體上的疣會分泌毒液，若用手觸摸會引起皮膚炎症狀。

〈參閱P48、83～85〉

貢獻度

困擾度

昆蟲以外的生物

亞列蛞蝓

【出現時期】4～11月

【體長等】成體的體長約5公分。

【危害】會在高麗菜、大白菜、萵苣等蔬菜的結球內食害葉片，因此難以察覺，會造成嚴重的危害。也會在茄子或草莓等果實鑽孔，入侵內部啃食。

【如何相處】蛞蝓在白天通常潛藏於石頭或落葉下方，到了晚上才活動。應將田間容易成為白天隱身之處的落葉或枯葉清理乾淨。促進田間排水，保持乾燥也有助於預防發生。

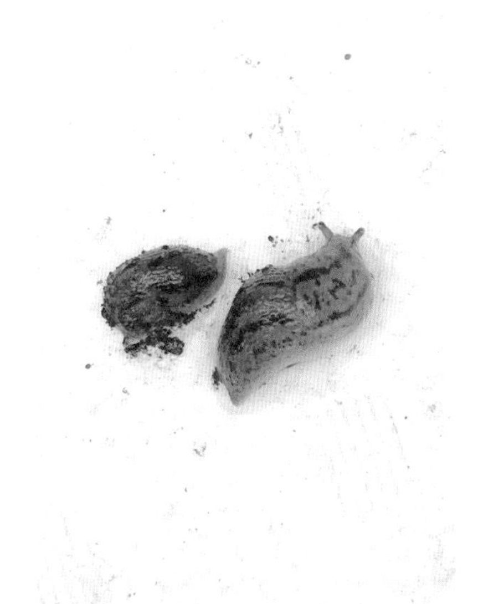

貢獻度

困擾度

索引

作者

小川幸夫 Ogawa Yukio

1974年出生於千葉縣。小川農場代表。自稱有機農夫，人稱農業界的“蟲王”。慶應義塾大學經濟學部畢業後，歷經農業機械公司，接著繼承千葉縣柏市的老家農場開始從農。在約1.5公頃的田間，每年以無農藥栽培100種、500品種的蔬菜和果樹，以當地的直銷為主出貨。追求新品種以及對環境負荷少的小型栽培法，不斷在農場進行實驗和實踐。

採訪・撰文

腰本文子 Koshimoto Fumiko

群馬縣出生。以自然、旅行、農業、環境為主題活動的自然&旅行作家。從小時候就喜歡昆蟲，在東京農業大學農學部專攻昆蟲學。尤其關心亞熱帶及里山的動植物及生態系。著有『蝶がいっぱい』（晶文社）、『初めての山野草』（集英社be文庫）等書。

TITLE

蟲蟲的迫降！無農藥栽培家庭菜園

STAFF

出版	瑞昇文化事業股份有限公司
作者	小川幸夫
取材・文	腰本文子
譯者	元子怡
總編輯	郭湘齡
文字編輯	徐承義　蕭妤秦　張聿雯
美術編輯	許菩真
排版	靜思個人工作室
製版	明宏彩色照相製版有限公司
印刷	龍岡數位文化股份有限公司
法律顧問	立勤國際法律事務所　黃沛聲律師
戶名	瑞昇文化事業股份有限公司
劃撥帳號	19598343
地址	新北市中和區景平路464巷2弄1-4號
電話	(02)2945-3191
傳真	(02)2945-3190
網址	www.rising-books.com.tw
Mail	deepblue@rising-books.com.tw
初版日期	2020年4月
定價	350元

ORIGINAL JAPANESE EDITION STAFF

デザイン	山本　陽（エムティ　クリエイティブ）
写真	小川幸夫、腰本文子、草間祐輔、PIXTA、PPS通信社、アリスタ・ライフサイエンス（株）
イラスト	山本　陽
校正	佐藤博子

國家圖書館出版品預行編目資料

蟲蟲的迫降!無農藥栽培家庭菜園 / 小川幸夫著；元子怡譯. -- 初版. -- 新北市：瑞昇文化, 2020.04
144面；14.8 x 21公分
譯自：虫といっしょに家庭菜園
ISBN 978-986-401-413-2(平裝)

1.農業昆蟲學

433.3　　109003859